Des montagnes aux multiples histoires

La vie du parc national des Glaciers

Greg Beaumont

Writat

Cette édition parue en 2024

ISBN : 9789359941462

Publié par
Writat
email : info@writat.com

Contenu

Chanson des hauts sommets

Avril encore et le vent tourne sur les Grandes Plaines. Des coins d'oies, hauts et déterminés, commencèrent cette tempête printanière, avec leurs voix aiguës comme le gel matinal. Les faucilles crient pour réclamer la terre, les grues du Canada roulent et parlent au-dessus de leur tête, et partout les cerfs volants crient. Les pasqueflowers repoussent le sol aride, commençant la ruée vers l'ouest que je dois rejoindre, cherchant à nouveau la vue des montagnes.

Dans le parc national des Glaciers, le terrain est replié. À l'est, Chief Mountain, Curly Bear et Rising Wolf brisent l'emprise de la prairie. Lorsque les premiers trappeurs français ont vu ces sommets scintiller au loin avec des neiges qui durent tout l'été et de la glace perpétuelle, ils ont nommé cette région « le pays des montagnes brillantes ». Mais malgré toute la glace et la neige qui reflètent le soleil d'été, les glaciers actuels du parc ne sont que des flocons de neige comparés aux puissantes rivières de glace qui ont creusé cette terre. Glaciation, le magnifique sculpteur, a partout laissé sa signature audacieuse, et ce parc honore de son nom la force qui l'a façonné.

Mais l'excitation essentielle de cette terre ne se résume pas à une falaise, une flèche et une tempête soudaine. Cela vous vient lorsque vous réalisez qu'il s'agit ici d'un agrégat de zones de vie radicalement différentes, où une journée de marche peut facilement vous emmener de la prairie et de la forêt à la limite des arbres et à la toundra ; où existe une forêt dense de thuya géant et de pruche, semblable aux forêts tropicales de la côte du Pacifique, à une vingtaine de kilomètres de la grande mer des prairies.

Ou cela survient lorsque vous découvrez que ces montagnes – jeunes et pointues avec des ombres, parées de neige et nouvellement recouvertes de forêts – sont taillées dans les roches sédimentaires intactes les plus anciennes de la planète.

Je viens de la prairie et j'aime ses larges traits ; J'ai appris à entendre le chant dans l'herbe et à voir ces longues et lentes saisons planer sur les horizons plats comme des faucons planeurs. Mais ici, j'ai appris à comparer mes journées avec une terre sauvage, et en moi a grandi le besoin mystérieux de connaître une montagne sous tous ses aspects. Des montagnes qui portent l'aube comme des chapeaux jaunes, répétées dans les lacs nommés et sans nom. Des montagnes qui étendent les tempêtes entre elles et équilibrent les arcs-en-ciel crête à crête.

Je dois revoir les lieux forestiers secrets, où les nymphes des bois aux fleurs pâles planent comme un souffle, et connaître à nouveau les prairies infinies peintes en bleu camas.

J'ai besoin de la liberté parfaite de cette terre, pour pouvoir dire, *aujourd'hui je vais gravir Siyeh* : me tenir, pour un temps, sur les épaules accidentées de cette terre droite.

La flèche pointue du petit Cervin et la large face du mont. Edwards se dressent au-dessus de Going-to-the-Sun Road, dans la haute McDonald Valley. Durant les journées chaudes du printemps, les vallées du parc résonnent du tonnerre des avalanches.

Cycles et saisons

Substrat rocheux : la première histoire

Sur le sentier qui relie le centre d'accueil de Logan Pass au point de vue sur le lac Hidden, il y a un étang peu profond. Près de Hidden Pass, il récupère son eau de fonte de la Continental Divide et l'envoie dans la gorge peu profonde qui draine les jardins suspendus ; sous forme de cascade, elle plonge dans la haute vallée de St. Mary où elle devient le ruisseau Reynolds ; rejoint par d'autres affluents, il poursuit son long voyage jusqu'à la baie d'Hudson.

La surface de cet étang est rarement immobile, car le vent le traite comme une mer. Parce que l'eau est peu profonde, l'action des vagues plisse la boue du fond en formant des ondulations, imitant le tourbillon des vagues.

J'aime venir ici tôt le matin. Parfois, arrivant avant que le vent ne se lève, j'aperçois les reflets des montagnes environnantes. Au-delà du banc bas de Logan Pass commence le Garden Wall, qui s'étend vers le nord avec la Division. Dans la vallée orientale, le sommet de Going-to-the-Sun se penche dans la lumière du matin comme un guerrier tendu. Au sud, l'incisive Bearhat , magnifique coupe-nuage de Hidden Lake Valley, s'avance au-dessus de la selle voisine du col. Mais au-dessus de cet endroit, comme de nouveaux monuments d'une époque de glace, se dressent les falaises de Clément et la pyramide de Reynolds.

Je suis assis sur un coin de roche rouge. Sa surface présente un motif ridé identique aux ondulations de la boue molle de l'étang peu profond. La distance n'est pas grande ; avec un bâton, je pouvais tendre la main et toucher la boue. Pourtant, cela représente un gouffre qu'aucun oiseau ne peut franchir, car entre les ondulations de ce rocher et les ondulations de cette boue se trouvent des milliards de matins disparus, une constellation d'années.

Ces bandes de roches rouges, vertes, beiges, blanches, noires et violettes qui recouvrent les montagnes des Glaciers constituent les roches sédimentaires inchangées les plus anciennes de la Terre. Ils ont été déposés à l'époque précambrienne, il y a plus d'un milliard d'années, alors que la vie commençait à peine, sous forme de dépôts d'une mer intérieure.

Pendant des millions d'années, le sable, la boue et les carbonates se sont déversés dans la mer ancienne, comprimant les couches inférieures en mudstones et calcaires, accumulant une épaisseur de sédiments pouvant atteindre 10 000 mètres (voir *tableau* de conversion métrique à <u>la page 136</u>).

Lorsque nous regardons les contours nets des montagnes du Glacier, nous voyons des traces de soulèvement, de chevauchement et de glaciation. Mais sur l'horloge géologique, il s'agit d'événements récents, il y a à peine un clin d'œil. Pendant la grande majorité des années, les roches reposent intactes et au niveau de la mer et de la terre.

Pour mieux comprendre l'énorme échelle de temps que représentent ces roches, nous avons besoin d'un moyen de visualiser la vaste collection d'années. Si nous devions réaliser un film sur ces événements géologiques, nous devrions d'abord déterminer combien d'années chaque minute devrait représenter. Puisque le Pléistocène a duré environ 3 000 000 d'années (ses quatre périodes glaciaires sculptant les muscles actuels de cette terre), faisons en sorte que chaque minute représente un million d'années. Pour faire la chronique de ces rochers il nous faudra alors un film de 60 heures !

Ce n'est qu'à la cinquante-septième heure de notre film que les basses terres du Mésozoïque commenceront à se gonfler avec la prochaine chaîne des Rocheuses. Au cours des longues heures précédentes , nous n'aurions guère vu autre chose que la mer, se retirant, avançant, profonde et peu profonde ; jaune, vert et brun avec de grandes colonies d'algues. Invisible sous l'eau, de la lave s'est répandue occasionnellement sur le fond marin ; une fois, il s'est introduit entre les couches rocheuses en dessous, formant la bande visible de 60 mètres d'épaisseur de diorite noire que nous voyons aujourd'hui sur de nombreuses faces de montagne du Glacier.

Pendant cette période de soulèvement initial, un processus étonnant se déroule en profondeur. Une faille majeure s'est développée, fracturant les couches de roche déformées. Une vaste plaque montagneuse commence à glisser vers l'est, submergeant et submergeant les couches rocheuses à l'est et ouvrant la large tranchée qui est aujourd'hui la vallée de North Fork. Connue sous le nom de chevauchement de Lewis, cette gigantesque force terrestre a créé une situation inhabituelle : des strates rocheuses anciennes se trouvant au sommet de strates rocheuses récentes.

Il reste désormais moins de 3 minutes de film. L'arrivée des glaces est imminente. Nous regardons le paysage de montagnes sans relief et nous nous étonnons de la différence dramatique que ces 3 derniers millions d'années feront. Nous ne voyons pas les forêts et les lacs familiers, les sommets sauvages et les vallées larges et profondes de cette terre actuelle. Ces montagnes sont douces, arides et peu profondes. Les contours flous sont là ; on reconnaît les alignements généraux des systèmes de drainage, les dômes gonflés d'où seront taillés des pics acérés. Les montagnes sont reliées les unes aux autres par des crêtes émoussées et des selles lisses, et les ombres qu'elles projettent sont ternes, semblables à celles des dunes.

Soudain, la glace est là, remplissant le paysage, seuls les sommets des montagnes dépassant. Quatre fois au cours de ces 3 dernières minutes du film, les calottes glaciaires avancent et reculent, laissant à chaque fois un paysage altéré. D'étranges lacs et forêts comblent les vides entre les invasions glaciaires. Ensuite, nous voyons les montagnes que nous connaissons aujourd'hui naître rapidement, comme si la terre était découpée en forme par des couperets géants.

Après ce scintillement du Pléistocène, le film se termine, les forêts reviennent et les lacs familiers brillent à nouveau sous le soleil – ces lacs et forêts que nous pensions intemporels.

■

Le vent matinal souffle de Hidden Valley, faisant siffler les branches de sapin alpin à proximité et brisant le reflet parfait de Bearhat Peak sur l'étang. D'où je suis assis, Hidden Pass est à une courte distance ; je quitte donc l'étang et me dirige vers le belvédère pour revoir le beau bassin exploité par un ancien glacier.

Le lac caché, profond, loin en contrebas, si bleu, s'insère dans sa vallée escarpée et tortueuse comme un boomerang poli. Étroitement entouré d'une crête et d'un pic – le lointain glacier Sperry et le Gunsight pointu qui surgissent du fouillis sud, et le large Bearhat incroyablement proche – ce joli lac est presque perdu au milieu de telles proclamations rocheuses. Sa gorge de sortie offre une vue étroite sur les vallées inclinées et cachées d'Avalanche et McDonald, au-delà de la pyramide de Stanton, jusqu'aux ondulations basses et lointaines de la chaîne Whitefish.

La glaciation est un maître cruel des montagnes, mordant profondément dans leur masse et laissant des contours abrupts et spectaculaires lorsque les glaciers disparaissent. Les reliefs témoignent ici de leur puissance, présentant partout les effets de la glaciation.

En rongeant le mur de la montagne, les glaciers alpins ont formé des dépressions arrondies, appelées cirques. Contrairement aux fentes étroites laissées par l'eau courante, ces bassins larges et profonds semblent avoir été creusés par des cuillères à glace creusées dans la roche. Les lacs Hidden, Ptarmigan, Iceberg et Avalanche se trouvent dans des bassins de cirque bien développés, et de nombreuses montagnes sont creusées par les débuts d'autres cirques - l'amphithéâtre bien visible sur l'épaule sud du Peak Heaven, par exemple.

Occupant tous les principaux systèmes de drainage, les glaciers ont modifié le contour des vallées, les transformant de leurs formes en V étroites et coupées par des cours d'eau en de larges formes en U. Dans ces larges vallées principales, des cascades plongent depuis des vallées plus hautes et plus petites. Comme les rivières, les glaciers ont des affluents. Manquant de la masse de glace et du pouvoir de coupe des principaux glaciers, ces doigts de glace affluents ne pouvaient pas mordre aussi profondément dans le substrat rocheux. Lorsque la glace a fondu, les vallées suspendues sont restées bloquées au-dessus du fond de la vallée principale. Le lac Hidden se trouve dans l'une de ces vallées suspendues, et de là, le ruisseau Hidden plonge sur 750 mètres dans le bassin des avalanches en direction du ruisseau McDonald.

Lors de mes nombreuses visites précédentes à ce col, j'ai été trop occupé à profiter des fleurs sauvages, de la météo ou du paysage pour réaliser à quel point un manuel ouvert sur la glaciation est partout affiché.

Je me tiens ici sur une petite selle de col. Partout où les glaciers se rencontraient, des cols ou cols étaient créés. Une passe haute et crantée comme celle-ci (ou Swiftcurrent ou Gunsight) révèle des connexions récentes. Des cols larges et plus bas, comme celui de Logan, ont été créés là où la glace a rapidement envahi la crête de la montagne et a eu la chance de travailler plus longtemps.

Là où deux glaciers travaillaient sur les côtés opposés d'une crête et ne parvenaient pas à se rencontrer, ils formaient une arête, un mince vestige aux parois abruptes ressemblant à une lame de scie. Une autre période glaciaire consumerait probablement les nombreuses arêtes minces du parc, comme le mur du jardin et le mur du lagopède lagopède ; mais cela en créerait également de nouvelles à partir des crêtes existantes.

Un autre témoignage du pouvoir sculptant de la glace est présenté par le mont Reynolds, qui se profile à l'est. L' élément le plus spectaculaire d'un paysage glaciaire est la montagne en forme de pyramide appelée corne – et Reynolds en est un parfait exemple. Les cornes se sont formées lorsque trois glaciers ou plus ont recouvert la montagne, creusant ses flancs vers son noyau et transformant progressivement sa forme originale en forme de dôme en un sommet abrupt. Le glacier possède de nombreuses cornes remarquables, depuis l'élégante flèche de Saint-Nicolas au sud jusqu'à l'exquis Kinnerly dans le nord de la vallée de Kintla .

Sperry Glacier me regarde depuis le flanc de Gunsight. Les glaciers que l'on trouve aujourd'hui dans le parc ne sont pas des vestiges de la dernière phase glaciaire, qui s'est terminée ici il y a environ 8 000 ans, mais sont des glaciers nouvellement formés, ayant vu le jour il y a environ 4 000 ans. Ils reflètent une tendance au refroidissement du climat actuel.

Régressant régulièrement depuis leur période de plus grande étendue au milieu du siècle dernier, ces glaciers modernes se sont finalement stabilisés à la fin des années 1940 et n'ont montré depuis lors qu'une légère augmentation de leur superficie.

Le mouvement distingue les glaciers des champs de glace, et le mouvement de la glace est une force ainsi qu'une caractéristique d'un paysage. Un glacier creuse en abrasant et en pinçant la roche. Tour à tour fondante et gelée, la glace des murs de tête arrache des blocs de roche. Finalement, les roches se déposent le long des parois ou aux pieds du glacier sous forme de débris morainiques. Mais en se déplaçant sous l'emprise de la glace, ils abrasent constamment les surfaces rocheuses qu'ils rencontrent. Les lits de roches polies des anciens glaciers présentent des stries, des rainures creusées par des fragments de roche incrustés dans la glace en mouvement.

Le débit d'un glacier dépend de l'épaisseur de la glace et du degré de pente. Sous une pression énorme, la glace devient plastique, comme une tire épaisse. Contrairement aux glaciers continentaux d'un kilomètre d'épaisseur, qui peuvent se déplacer d'une centaine de mètres par jour, les petits glaciers alpins progressent rarement de plus de deux ou trois centimètres par jour.

Même si un glacier se déplace, il n'aboutit à rien s'il est dans un état d'équilibre – lorsque la fonte annuelle équivaut à une accumulation annuelle. La masse de neige accumulée au niveau du mur frontal protégé contre le soleil est généralement perdue sous forme de fonte au niveau du museau exposé. Les glaciers comme Sexton ou Weasel Collar, dont le museau est perché au bord des falaises, perdent également de la masse lors du vêlage. Le tonnerre que vous entendez un jour de fin d'été près d'un tel glacier pourrait en réalité être le bruit de la glace poussée du bord d'une falaise.

En revenant au centre d'accueil, je m'arrête soudainement là où le sentier longe la moraine abrupte du mont. Clements. Du côté opposé de la moraine, cinq chèvres de montagne sont apparues. Me repérant sur le sentier en contrebas, ils s'arrêtent également. Mais avant que je puisse atteindre mon appareil photo, ils partent au galop, les jambes raides, courant en file indienne le long de la crête de la moraine jusqu'à la sécurité lointaine de la face de la montagne.

Les moraines sont des crêtes de débris rocheux empilés le long des bords et des extrémités des glaciers. Tel un bracelet posé contre la paroi de cette montagne, le cercle de débris entassés marque l'étendue d'un petit glacier récemment disparu. Fantôme du pouvoir qui résidait autrefois ici, un champ de glace stagnant se trouve sous les parois de la moraine. L'accumulation récente de ces fragments de roche constitue un accomplissement majeur, attestant de la force de la glace en mouvement.

suite à la p. 38

Les montagnes des glaciers

Situé à cheval sur la ligne de partage des eaux continentales dans les Rocheuses du Nord, Glacier est avant tout un parc de montagne. La beauté particulière de ses lacs, ruisseaux et forêts provient des microclimats, de la topographie et des sols variés produits par les forces de construction et d'érosion des montagnes.

Montagnes renversées

1 Un bloc hypothétique de la croûte terrestre dans la région du parc national des Glaciers tel qu'il existait il y a plus de 60 millions d'années. Les deux couches représentées représentent en réalité de nombreuses strates de roches sédimentaires.

2 La pression latérale commence à forcer les couches rocheuses à se déformer.

3 Un grand pli s'est créé, obligeant les strates rocheuses à se replier et renversant certaines couches. Une cassure, ou *faille* , se forme au niveau du plan de contrainte la plus importante.

4 La cassure est terminée et les strates à l'ouest de la faille ont glissé vers l'est, vers le haut et sur les roches à l'est de la faille.

5 Le paysage glaciaire aujourd'hui. Tout au long des millions d'années au cours desquelles se sont produits les plissements, les failles et les chevauchements , le processus d'érosion s'est poursuivi ; un millier de mètres de roches stratifiées ont été érodées, de sorte que seul un reste des couches de chevauchement est aujourd'hui visible. Parce que le versant est du glacier représente la face érodée du bloc de chevauchement, la chaîne de montagnes s'élève précipitamment de la prairie, sans aucun contrefort ne brisant la transition abrupte de la prairie ouverte à la vallée de montagne.

Les sommets sur cette photographie (une vue vers le nord-ouest depuis le col Marias) sont des vestiges du bloc de chevauchement, qui s'est déplacé vers l'est. La ligne de démarcation entre les roches de couleur claire et les pentes d'éboulis gris en dessous est la faille de chevauchement de Lewis.

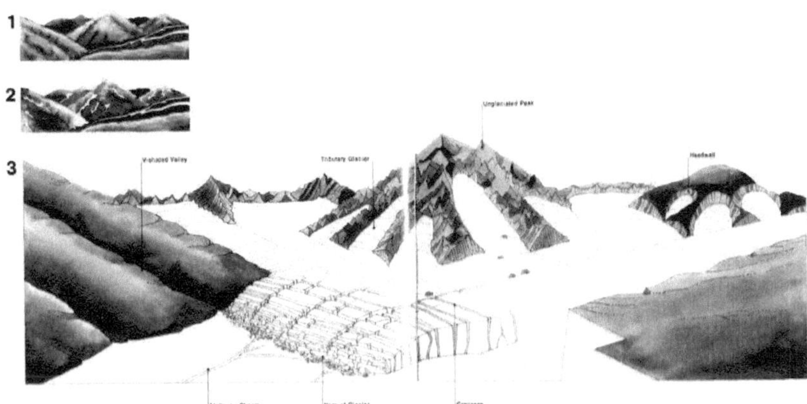

Glaciation

1 C'est ainsi qu'aurait pu apparaître le paysage de cette région avant le début du Pléistocène, il y a des millions d'années. Notez les vallées en forme de V érodées par les cours d'eau. Le climat à cette époque était sec.

2 Les glaciers ont commencé à se former en haut des sommets, ont glissé vers le bas et se sont joints pour former des glaciers plus grands.

3 Après plusieurs siècles de glaciation, les glaciers affluents ont creusé les sommets, formant des bassins appelés *cirques* . D'épais glaciers, se déplaçant rapidement et transportant des fragments de roche, ont abrasé le fond et les flancs des principales vallées, élargissant et approfondissant les vallées en forme de U caractéristique.

Vallée en forme de V

Glacier tributaire

Pic non glaciaire

Mur de tête

Courant d'eau de fonte

Nez de Glacier

Crevasse

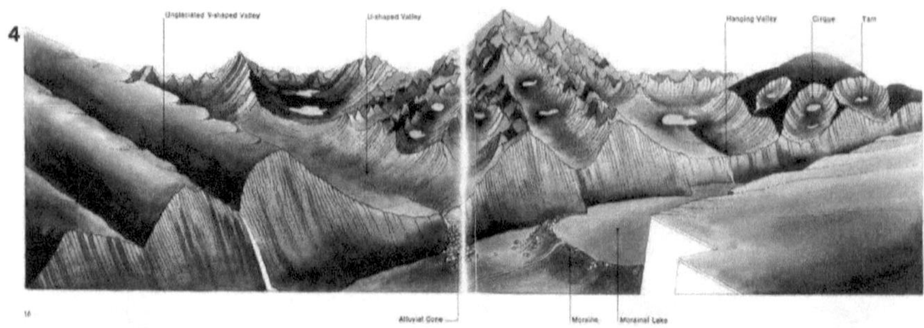

4 Dans le paysage actuel, exempt de tout sauf des restes de glaciers, de petits lacs appelés *tarns* occupent de nombreux bassins de cirque ; et les cascades plongent dans les vallées principales à partir de vallées affluentes plus hautes et moins profondes, appelées *vallées suspendues* . *Des cônes alluviaux* – accumulations récentes de débris rocheux – ont commencé à se former le long des parois de la vallée. Dans la vallée principale, une *moraine* (dépôt de matériaux rocheux laissé par le retrait du glacier) a formé un barrage qui retient un grand lac.

Pendant tout ce temps, toutes les parties du terrain non enfouies sous la glace et la neige ont été altérées et érodées par des forces non glaciaires. Ainsi, les contours des pics déchiquetés et des falaises abruptes ont été adoucis.

Vallée en forme de V non glaciaire

Vallée en forme de U

Vallée suspendue

Cirque

Tarn

Cône alluvial

Moraine

Lac Morainal

Les reliefs glaciaires peuvent être identifiés sur cette vue de la vallée de Mokowanis .

Un climat divisé

En raison d'un flux vers l'est de masses d'air frais et humides du Pacifique, le climat du nord-ouest du Montana, y compris la partie ouest du parc national des Glaciers, diffère de celui des autres parties du Montana. En raison de l'augmentation des précipitations, les vallées occidentales du glacier abritent une flore riche, plus typique du nord-ouest du Pacifique.

Ouest

Air humide du Pacifique

À mesure que les vents du Pacifique chargés d'humidité sont poussés vers les pentes au vent des montagnes des Glaciers, l'air se refroidit et la vapeur d'eau se condense , formant du brouillard ou des nuages. La pluie ou la neige commencent à tomber à mesure que l'air continue de monter et de se refroidir. Au moment où la masse d'air atteint la crête et descend les pentes sous le vent, la majeure partie de l'humidité a été perdue.

Les pentes ouest mesurent en moyenne environ 70 cm. de précipitations à des altitudes comprises entre 900 et 1 100 m. Les altitudes supérieures sont en moyenne de 200 à 250 cm, principalement sous forme de neige ; et 300 à 500 cm. est commun.

Est

Vents secs de chinook

Les pentes orientales, sous l'influence des masses d'air continentales, reçoivent moins de précipitations annuelles. La moyenne annuelle du West Glacier est de 66,5 cm. Babb, une petite ville à l'est du parc, mesure en moyenne 49,3 cm. Les vents violents fréquents à l'est de la ligne de partage réduisent encore davantage l'humidité par évaporation.

Exposées aux masses d'air arctiques descendant du Canada, les régions situées à l'est de la ligne de partage des eaux subissent également des conditions hivernales plus rigoureuses que les vallées protégées de l'ouest. La température moyenne en janvier est de -5°C à West Glacier et de -8° à Babb.

De plus, 80 pour cent des journées d'hiver dans la partie ouest du parc sont couvertes, une condition presque identique à celle de Seattle, Washington. Cela sert à modérer les températures hivernales et à minimiser l'évaporation.

Le silène de mousse et le myosotis des montagnes colonisent un champ de foin. Les Fellfields sont des sites alpins rocheux constitués d'un peu moins de 50 % de roche nue, entrecoupés de plantes pionnières telles que des plantes en coussin, des mousses et des lichens.

Les lacs d'altitude occupent généralement les bassins des cirques. Ces dépressions dans le substrat rocheux de la vallée, exploitées par les glaciers, sont les plus profondes près du mur de tête, là où l'épaisseur de glace était la plus grande. Froids et profonds, et sans glace seulement quelques semaines par an, les tarns ne peuvent pas supporter les plantes vasculaires ou les vertébrés. Le lac Iceberg, protégé du soleil la majeure partie de l'année par les murs de 1 000 mètres du mont Wilbur et du mur de lagopède lagopède, n'est jamais complètement exempt de glace.

Le lac McDonald, long de 16 kilomètres, large de 2 kilomètres et profond de 134 mètres, est le plus grand lac du parc. Son bassin est la vallée glaciaire classique en forme de U. Les moraines latérales boisées des deux rives s'élèvent doucement à 600 mètres au-dessus du niveau du lac. Going-to-the-Sun Road serpente le long de la rive est et Logan Pass se trouve près du centre de la photographie, derrière les sommets de la chaîne Lewis.

Soumis aux effets desséchants et modelants du vent, hiver comme été, ce douglas qui pousse dans la communauté des prairies près de St. Mary n'atteindra ni la forme symétrique ni la grande taille des douglas poussant dans des régions plus humides et plus abritées. sites situés sur le versant ouest de la ligne de partage des eaux continentales.

Les cycles de gel et de dégel fracturent et détachent continuellement les roches le long des joints, les rendant sujettes à l'enlèvement par l'action de l'eau, de la gravité et des avalanches. Les éventails de débris rocheux qui en résultent (cônes d'éboulis) indiquent l'étendue de l'érosion depuis le retrait des glaciers du Pléistocène.

Bien que l'eau en mouvement soit un agent d'érosion – la principale force destructrice des masses montagneuses – elle permet également la vie. Même les petits cours d'eau, comme cette crue crue, regorgent de plantes et d'invertébrés.

Montagne Going-to-the-Sun, dominant la vallée de St. Mary, depuis le sentier jusqu'au col Siyeh . La forêt de conifères à sa base et les plantes de la toundra alpine à son sommet sont étroitement juxtaposées dans l'espace ; mais si ces deux communautés se développaient à la même altitude, elles seraient séparées par des milliers de kilomètres. La randonnée du lac St. Mary jusqu'au col Siyeh va, en fait, du Montana au cercle polaire arctique ; mais ici, les zones de vie sont comprimées et nettement divisées plutôt que étendues et se chevauchent.

Coucher de lune et plateau de neige près du sommet du Heavens Peak. Notez la stratification des sédiments précambriens.

Des thuyas géants bordent les rives du lac McDonald. En raison des courants d'air dominants de la côte Pacifique, les hivers dans les vallées occidentales protégées sont humides et relativement doux, et cette étendue d'eau profonde ne gèle en moyenne qu'un hiver sur quatre.

L'orignal suit souvent la fonte des neiges printanière vers le cours supérieur des bassins hydrographiques. Ce taureau restera à l'étang Thunderbird, au pied du col Brown, jusqu'à l'automne, date à laquelle il retournera dans son aire d'hivernage dans la vallée de Waterton.

En raison de la capacité de reproduction élevée des insectes et des petits mammifères, si tous leurs descendants survivaient, la vie végétale terrestre serait consommée en un an. Ceci est empêché par des contrôles naturels tels que la prédation et le parasitisme. La crécerelle d'Amérique (« épervier ») se nourrit ici principalement de gros insectes et de petits rongeurs comme le campagnol des prés.

Les geais gris se trouvent dans les profondes forêts de conifères du parc. Dans certains parcs, les geais gris, ou « voleurs de camp », rôdent dans les terrains de camping et les aires de pique-nique, mendiant ou volant de la nourriture. Dans Glacier, cependant, ils sont rarement remarqués alors qu'ils recherchent des graines, des baies et des insectes.

Prédateur généralisé, le coyote mange presque tout, des baies aux charognes. Lorsque l'homme a éliminé la plupart des ennemis et concurrents du coyote, notamment le loup, le grizzly et le couguar, il a élargi son territoire pour combler le vide. Intelligent et social, le coyote prospère malgré les persécutions de l'homme. Bien qu'il soit le plus nombreux dans la communauté des Prairies, il s'étend jusqu'à la limite forestière.

Le tétras du Canada réside toute l'année dans les communautés d'épinettes, de sapins et de tordus tordus. Il se nourrit au sol de graines et d'insectes et se transforme en hiver en aiguilles. Plusieurs autres espèces de tétras occupent différents habitats dans le glacier.

Les tamias se trouvent dans toutes les communautés, des prairies à la toundra, dans les Glaciers. Chacune des trois espèces très similaires du parc a son habitat préféré. Homologue diurne des souris nocturnes, qui ont le même régime alimentaire composé de graines, de baies et d'insectes occasionnels, les tamias s'adaptent facilement à la présence des humains et deviennent des nuisances s'ils sont encouragés par les aumônes. Nourrir les rongeurs est dangereux et nocif pour eux. En modifiant leur régime alimentaire et en affaiblissant leur instinct de prudence, l'exposition quotidienne à des « repas gratuits » rend les animaux moins aptes à affronter les dures réalités de leur environnement naturel.

Contrairement au cerf de Virginie, qui reste dans les basses terres toute l'année, le cerf mulet monte dans les hautes prairies pendant l'été. Les mâles, en particulier, sont des vagabonds et voyagent ensemble. Les bois de velours, portés lors des moments de convivialité estivale, présagent des concours d'automne à venir.

Le papillon en damier appartient au groupe d'animaux le plus diversifié de la planète : les insectes, dont l'importance ne peut guère être surestimée. Non seulement ils aident à recycler les nutriments dans la communauté vivante et fournissent une base alimentaire abondante pour d'autres formes de vie, mais ils jouent également un rôle déterminant dans la pollinisation de la plupart des plantes terrestres de la Terre.

La végétation alpine doit pouvoir survivre au gel pendant la saison de croissance, car les conditions hivernales sont possibles même en été. Les fleurs précoces, comme le lis des glaciers, subissent des chutes de neige répétées lors des conditions météorologiques instables du mois de juin.

Contrairement aux chèvres de montagne, ces béliers d'Amérique déserteront la zone alpine à l'approche de l'hiver ; ils rejoindront d'autres mouflons d'Amérique se rassemblant dans les basses vallées.

En novembre, les mouflons d'Amérique mettent fin à leur isolement des brebis pendant tout l'été, descendent des pentes les plus élevées et entament un rituel exsangue mais éprouvant de force et d'endurance pour déterminer le maître du harem. Les bruits aigus des cornes qui s'entrechoquent peuvent s'étendre sur des kilomètres, et les compétitions se poursuivent pendant des semaines jusqu'à ce que le bélier dominant émerge. (Notez le complexe hôtelier Many Glacier dans la vallée en contrebas.)

Les colibris, comme les musaraignes et autres animaux de petite taille à sang chaud, existent au seuil théorique de la vie. En raison de leur petite taille, le volume corporel n'est pas suffisamment important par rapport à la surface pour éviter une perte rapide de chaleur corporelle. Pour compenser cela, les taux métaboliques doivent être élevés ; la nourriture est rapidement transformée et consommée. Ainsi, comme les réserves de graisse ne sont pas pratiques sur de si petits animaux, ils doivent manger à intervalles fréquents.

Deux espèces de colibris — le roux et le calliope — se trouvent à Glacier. Sur la photo, une femelle roux (qui pèse à peu près l'équivalent d'une pièce de dix cents) atterrit sur son nid décoré de lichens pour nourrir ses deux petits avec un mélange riche en protéines de nectar et de petits insectes.

La gorge jaune insectivore préfère les habitats humides. Contrairement à beaucoup de ses parents vivant à la cime des arbres, cette petite paruline (10 à 11 cm) est généralement vue à proximité ou sur le sol.

Les bandes de brebis et d'agneaux d'Amérique ne passent pas l'été aussi haut que les béliers et sont souvent rencontrées dans la zone de forêt broussailleuse. Notez le pin souple noueux au premier plan de cette photographie prise sur la face sud du pic Altyn .

Atteignant le mur de la montagne, les chèvres grimpent jusqu'à un rebord, envoyant des ruisseaux d'éboulis jaillissant de plusieurs fentes. Rencontrant un banc de neige étroit et raide, ils n'hésitent pas mais continuent à traverser la pente. Au-dessus des doigts rocheux de ce pic, les nuages qui s'amoncellent deviennent noirs. Un coup de tonnerre soudain me précipite sur le sentier.

Bien que géologiquement jeunes, les montagnes Rocheuses du Glacier sont composées de roches sédimentaires molles qui sont facilement attaquées par les nombreux agents d'altération et d'érosion. S'ils ne sont pas rajeunis par un soulèvement continu, ces magnifiques sommets ne brilleront que brièvement dans la longue mémoire de la planète.

L'aspect acéré de cette terre est déjà adouci par les forces actuelles de l'érosion. La principale d'entre elles est l'eau, qui attaque les montagnes partout. De plus, l'action du gel exploite continuellement les fractures des roches, brisant les blocs de roche en talus et en éboulis. Les avalanches et les chutes de pierres dévalent les pentes. Les couches de roches plus tendres s'érodent rapidement, sapant les roches plus résistantes et créant des surplombs que la gravité, avec le temps, effondrera.

La pluie battante m'attrape sur ce col disputé par le soleil et la tempête. La glace, la gravité, le vent et surtout l'eau attaquent tous une terre qui défie les nuages.

Le lever du soleil et la course du cerf : une année glaciaire

Comme pour compenser l'obscurité qui a duré toute la journée de ce dernier blizzard, les sommets portent aujourd'hui des panaches de neige : de longues et gracieuses traînées blanches se courbant vers un ciel bleu glacier. Hier, le vent fou de neige a balayé la forêt. Aujourd'hui, les arbres immobiles sont recouverts de robes lourdes et luisantes, les trembles sans feuilles et les jeunes mélèzes sont courbés.

Des chutes de neige modérées aident de nombreuses plantes et animaux à survivre à l'hiver. Pour les habitants du sol, il offre une isolation contre les températures hivernales extrêmement fluctuantes rencontrées à l'est de la Division, protégeant les hibernateurs et fournissant un abri aux nombreux petits mammifères qui restent actifs pendant l'hiver. Le sol balayé par le vent gèle profondément ; mais sous un manteau de neige, la chaleur vitale est emprisonnée, permettant à de nombreux animaux de survivre et permettant aux décomposeurs de continuer leur travail.

Mais cet hiver a été marqué par trop de neige et de températures extrêmes. L'épais manteau neigeux a obligé les cerfs sabots à se rassembler en grand nombre ; incapables de se déplacer librement dans la neige profonde, ils sont contraints de se réfugier dans des espaces de plus en plus petits où leur nombre leur permet de tracer et d'entretenir des sentiers. Mais avec le temps, ils épuisent les réserves de nourriture. Les jeunes cerfs, incapables d'atteindre la ligne de broutage de plus en plus haute, meurent de faim en premier. Alors les biches, lourdes de faons à naître, s'affaiblissent et tombent aux mains des prédateurs. Les troupeaux emprisonnés diminuent donc rapidement cette année, parfois à moins d'un kilomètre d'un pâturage abondant.

La neige profonde est également mortelle pour de nombreux oiseaux granivores. Comme ils sont incapables de gratter pour se nourrir, leurs fournaises corporelles tombent rapidement en panne et, pendant une nuit de vent froid, leurs cadavres pelucheux tombent dans la neige.

Exposée au soleil de midi, la surface de la neige dégèle ; une fois recongelé, il est restructuré en glace cristalline. Si la neige dégèle et gèle à plusieurs reprises, une barrière de glace se forme, coupant l'échange d'air vital. Les plantes sont alors sujettes à la pourriture et la vie micro-animale est étouffée. Les déplacements sous la neige sont rendus plus difficiles pour les souris et les musaraignes et elles sont privées de nourriture et de couvert. Dans de telles conditions, leur nombre diminue rapidement.

Mais tandis que beaucoup meurent de faim dans un hiver de neige épaisse, d'autres en profitent. Le trafic exposé des petits mammifères est à l'avantage de la chouette. Les renards et les coyotes écrasent plus facilement les lapins et les lièvres sur la neige croûtée. Les cerfs et, dans une moindre mesure, les wapiti et les élans – leurs sabots perçant le manteau neigeux – se fatiguent rapidement dans la neige épaisse et deviennent impuissants devant le couguar ou le loup, dont le poids plus léger est soutenu par la croûte.

Aussi sinistre que soit le bilan de cet hiver, il en survivra suffisamment pour commencer le processus de renouvellement au printemps. L'hiver dernier, une saison de neige légère, a été une période difficile pour les prédateurs. Les cerfs sont restés forts, les wapiti éloignés sur les hautes crêtes balayées par le vent et les petits mammifères cachés.

Seul l'ouzel d'eau, hiver après hiver, ne semble pas se rendre compte des rigueurs de la saison. Seigneur de son petit monde d'eau libre, il chante en février, pataugeant et nageant dans son ruisseau diminué pour trouver une réserve inépuisable d'insectes aquatiques et de petits poissons. C'est une voix du printemps – joyeuse, sauvage, continuelle comme l'eau en mouvement – une chanson incongrue dans cette terre enveloppée d'hiver.

Mais avec la montée du soleil, l'emprise de l'hiver s'adoucit. Les sapins et les épicéas font glisser leurs charges de neige vers le sol. Les ruisseaux recommencent à chanter et bientôt les lacs grossissent, le grondement des glaces brisées brisant le silence des vallées. Les avalanches dévalent les pentes les plus abruptes, emportant les arbres vers les ruisseaux gonflés. Les rivières sifflent et font rage, entraînant les débris à toute vitesse. Une source qui arrive trop soudainement entraînera des crues à des altitudes plus basses.

Les oies des neiges se faufilent dans les vallées et les écureuils terrestres creusent des tunnels dans la neige pour trouver les invasions d'oiseaux revenant du sud. Bientôt, les wakerobins à trois pétales apparaissent, pourchassant la limite des neiges jusqu'aux crêtes. Viennent ensuite les lys des glaciers et les orchidées Calypso, et avec les étoiles filantes, le printemps arrive.

La fonte des neiges libère un nouveau groupe d'animaux qui peuplent les terres éclaircies par l'hiver. Venez les tamias. Les ours réapparaissent. De jeunes écureuils roux, impuissants et aveugles, se tortillent dans leurs nids. Les tanières cachées bruissent de chiots et de chatons. Bientôt, les journées chaudes les feront sortir et l'apprentissage de la gestion du monde commencera.

Toute vie réagit irrésistiblement à la force croissante du Soleil. Le peuplier de coton, le saule et l'érable fleurissent et déploient de nouvelles feuilles ; des grappes d'aiguilles vertes repèrent les branches des mélèzes qui, en hiver, semblaient des chicots sans vie parmi les autres conifères. Sous le sol des prairies, des prairies et des forêts, dans la boue des lacs et des étangs, une autre vie s'agite ; des armées d'insectes, d'araignées, de crustacés, d'amphibiens et de poissons s'efforceront d'achever leur cycle de vie contre les formidables obstacles d'un monde prédateur.

Le printemps s'étend plus haut dans les montagnes, les basses terres passant à l'été. Wapiti et mouflons suivent la marée montante des pâturages succulents jusqu'aux hautes prairies. Dans les forêts, les bosquets, les prairies et le long du ruisseau, de nouveaux oisillons apparaissent - grive, viréo, colibri, jaseur, arlequin canard, merle bleu, balbuzard pêcheur et scintillement - alors que les trous, les nids et les cavités regorgent de bouches mendiantes.

Dans les prairies alpines, où la neige recouvre le printemps et où l'hiver suit de près l'été, la saison de croissance est courte et le climat instable. Sentant la lumière plus forte, les fleurs poussent avec impatience à travers la neige et s'épanouissent en toute hâte. Pikas et marmottes se précipitent et prennent le soleil parmi les rochers des éboulis.

L'été mûrit dans les myrtilles mûrissantes, et les ours qui broutaient les herbes printanières se gavent maintenant de graisse. Les journées sèches du mois d'août apportent des éclairs pénétrants, menaçant les forêts d'incendies.

Les balayages d' herbe à ours atteignent maintenant leur apogée dans les prairies les plus hautes. Dans une succession vertigineuse, les fleurs sauvages donnent des graines. Gras et paresseux, marmottes et écureuils terrestres disparaissent sous les rochers. L'aigle royal doit chercher chaque jour plus longtemps pour trouver une proie dans son vaste domaine.

L'automne s'attarde dans les vallées et sur les flancs des crêtes basses. Le soleil du matin scintille sur le givre, enflammant les feuilles jaunes du mélèze, du tremble, du bouleau, de l'érable et du peuplier, et brille sur les baies rouge sang du sorbier. Bientôt, une nuit de gel meurtrier fera tomber des millions de cadavres d'insectes et d'araignées. Les reptiles et les amphibiens, étant des animaux à sang froid, ne semblent pas à leur place dans cette terre aux longs hivers. Incapables de maintenir une température corporelle sensiblement supérieure à celle de leur environnement, ils sont les premiers à chercher la protection de l'hibernation, se rassemblant dans des tanières ou s'enfouissant sous le limon du fond des étangs.

Les oiseaux chanteurs se rassemblent et quittent les vallées. Les cris rauques des geais semblent désormais menaçants dans la forêt. Seules les mésanges semblent ignorer les longues ombres des arbres ; leurs conversations incessantes se poursuivent dans les sous-bois sans feuilles alors qu'ils recherchent activement des graines.

Le velours est tombé en morceaux, et en ces derniers jours chauds de midi, l'ornière parcourt la terre. Cela commence dans les vallées en septembre avec les joutes de cerfs et d'orignaux et les clairons du taureau wapiti perçant le silence de la forêt. En novembre, les prairies les plus élevées résonnent des collisions de béliers d'Amérique qui se disputent les brebis en brisant leurs cornes massives et enroulées. Sur les pentes élevées, la posture et le fanfaronnade des chèvres de montagne ; tête-bêche, ils tournent en rond, se menaçant avec des cornes en forme de poignard.

Depuis le lac Flathead, à 100 kilomètres de cours d'eau au sud, le saumon kokani revient frayer dans les bas-fonds clairs et froids du ruisseau McDonald. Des pygargues à tête blanche rassemblés entourent le ruisseau, soulevant encore et encore les poissons vulnérables des bassins et des rapides. Perchés par centaines le long du cours d'eau, leurs têtes et queues blanches scintillant sur les arbres sombres, ils se détachent comme des lanternes tendues pour un banquet.

Maintenant le vent cinglant descend des sommets et ferme les lacs. La vie ralentit ou dort. Le lagopède, le lièvre d'Amérique et la belette, tous vêtus de blanc d'hiver, cherchent refuge et nourriture dans un pays silencieux où les lys printaniers et jaunes semblent à jamais perdus.

■

Toute vie est confrontée à un défi ultime : survivre ou non, se reproduire ou échouer, amener son espèce au soleil de demain ou disparaître à jamais. Cette terre est dure. Pour survivre dans la nature, il faut des compétences individuelles, l'excellence de l'espèce et une chance offerte par l'environnement.

Le vison, prédateur solitaire associé aux cours d'eau de faible altitude, se nourrit de tout ce qu'il peut attraper et maîtriser.

Sur la route du soleil

J'aime commencer par St. Mary, un lac que les Whitecaps adorent parcourir. Depuis les cols lointains, les différents vents se rassemblent et se rassemblent, organisant de longues lignes de vagues blanches pour la course vers le bas du lac . Dépassant les éboulis pourpres de Mahtotopa et du Petit Chef, ils passent, blancs comme la coiffe de la montagne Going-to-the-Sun, se heurtant, s'effondrant le long des pièges du promontoire autour des Narrows. Ils avancent, s'étendent et mettent les voiles pour la course droite vers le rivage final où une ligne de peupliers chante avec un bruit d'applaudissements.

De l'autre côté du lac, la crête boisée contraste fortement avec le doigt de prairie qui revendique la rive nord. C'est un lieu fleuri, un lieu de rencontre pour les plantes des montagnes et des prairies. Le long de la route, les prairies retiennent les conifères, ne laissant place qu'à des touffes éparses de trembles.

Enfin, à Rising Sun, à l'ombre de Goat Mountain, la prairie se termine et les sapins de Douglas, assaisonnés par le vent, annoncent l'arrivée de la forêt.

C'est l'excitation maintenant, avec la chaleur des prairies disparue, le vent parfumé de sapins et de hautes prairies, aiguisé par les cascades et les hauts rochers humides. Notre soif de montagne ne s'éteint jamais, et une route qui se resserre jusqu'à la falaise et qui tourne brusquement ramène dans notre sang l'ancien besoin d'aller au plus haut endroit.

Il y a une Citadelle tranchante en épée, et la pointe enneigée de Fusillade tenant sa cour comme une reine dans cette vallée de pics ; puis le dôme de Jackson et l'encoche Gunsight. Nos yeux restent hauts, enfin transpercés par l'imminence de Heavy Runner et la promesse lointaine de Reynolds.

À la recherche de chèvres de montagne, nous scrutons les murs autour de Siyeh Bend, apercevant le sentier qui traverse les éboulis jusqu'au col caché de Piegan.

de Beargrass se penchent au-dessus de la route comme des vieillards conférant la vue. Les trompettes violettes du penstemon envahissent les rochers et les taches de pinceau indien mènent comme une traînée de sang vers les pentes les plus élevées.

Enivrés maintenant, sentant la pleine force du vent venant de Logan Pass, nous continuons notre course. Nous remarquons à peine la lutte de la forêt de Reynolds Creek, bien en contrebas, comment elle s'amincit et perd de sa force au cours de sa propre ascension difficile. Nous le dépassons sur la grande magnificence de ce col.

A plat, à peine un instant, la route plonge jusqu'à une étagère sur le mur de tête au-dessus de Logan Creek et bascule au-dessus de la grande falaise sculptée du Garden Wall. Sur plusieurs kilomètres, ce chef-d'œuvre de route glisse sur une pente constante, coincé entre la paroi rocheuse et l'espace, se tordant dans des drainages étroits - une route pour les amateurs de tempêtes, mouillée d'embruns et de suintements de neige, ses virages rapides dissimulant des vents soudains.

Le puissant Heaven's Peak enneigé apparaît, détournant notre attention des montagnes du groupe Pass et de la vallée suspendue qui déborde des chutes Birdwoman. Vers le nord se trouve le grand éventail de sommets encerclant le lointain Flattop, un mélange de montagnes et de glaciers. Comment pouvons-nous remarquer la forêt tout en bas ?

Ce n'est que lorsque nous avons dépassé le Loop et dépassé les chicots noircis d'un récent brûlage que nous nous rendons compte de la stature de cette forêt. La longue route qui descend nous mènera dans une vallée beaucoup plus profonde que n'importe quelle autre du côté est. Près d'Avalanche Creek se trouvent des arbres que nous n'avons vus nulle part ailleurs dans le parc : des thuyas géants de l'Ouest, des pruches de l'Ouest aux cimes penchées, de monstrueux peupliers noirs à l'écorce si profondément sillonnée qu'elle semble taillée à la hache.

Nous faisons une longue descente dans la vallée, en passant devant la pyramide basse du mont. Stanton, dernier sommet de la chaîne Livingston. Près de l'extrémité du lac McDonald, les bouleaux et les trembles réapparaissent en grand nombre, et la route pénètre dans un peuplement bondé de pins tordus.

Nos souvenirs encombrés de montagnes, de cascades et de champs de neige, nous ne nous rendons pas bien compte de l'importance de ce périple de 80 kilomètres. Nous avons traversé les frontières de plusieurs communautés végétales et animales différentes, couvrant une gamme de climats que l'on rencontrerait lors d'un voyage nord-sud de 5 000 kilomètres au niveau de la mer.

À première vue, les différents arbres, fleurs sauvages et animaux semblent répartis au hasard, dispersés comme les montagnes lointaines. Mais le terrain montagneux représente une approche organisée de la vie en hauteur. De la vallée la plus basse et la plus protégée au plus haut sommet coupé par le vent et la glace, les formes de vie s'alignent, chacune selon sa propre tolérance climatique.

Ici aussi se manifestent les grands cycles de la nature : le feu et la repousse, la formation des sols et leur érosion, le duel incessant des mangeurs et des mangés.

Dans les sections suivantes, nous passerons du temps dans ces différentes communautés, de la prairie à la toundra.

Bosquets et prairies : la mer des Prairies

Il y a quelque chose dans le printemps dans la prairie qui me fait me lever avant l'aube. J'aime regarder les saisons changer de garde sur le paysage, du froid hivernal de l'obscurité avant l'aube à l'air matinal parfumé au printemps en passant par le chaud avant-goût d'été du soleil de midi de mai.

Le givre entoure ces parcelles de pasqueflowers, gobelets bleus sur tiges duveteuses. Au cours de cette nuit sans vent, le gel s'est formé partout, reconquérant pour un temps sa vaste aire hivernale, scintillant sur les œuvres vertes du printemps.

Mais le dieu des prairies en croissance est le soleil, et il se proclame désormais, s'étendant pour faire briller les montagnes. Sous son assaut, le givre s'effondre, se transformant en perles brillantes sur la pointe de l'herbe et les articulations des feuilles, grâce auxquelles un coléoptère pourrait se rafraîchir.

Le printemps est mieux perçu au niveau des fourmis, à ses débuts au sol, où les pointes jaune-vert vif des nouvelles pousses d'herbe reconquièrent la terre dévastée par l'hiver. Je regarde attentivement une ligne de traînée en soie d'araignée ; un collier de gouttes de rosée glisse, s'accumule jusqu'à un instant de grandeur, dans lequel je vois brièvement un horizon incurvé, le rayon de soleil du matin et moi-même, avant qu'il ne tombe.

En me levant de ma position couchée, le ventre humide de la terre des prairies, je surprends un lièvre à queue blanche ; bondissant haut, il zigzague. L'agitation perturbe un blaireau lointain, qui fait face à ses fouilles pour affronter le danger, quelle qu'en soit la forme. Il balance son museau pour parfumer l'air. Un peu incertain, il se remet à chasser, puis hésite, se retourne et attend, myope, patient.

Enfin satisfaite, le jet du lapin désormais lointain perdu dans son cerveau, la créature renifle un défi au mystère et reprend sa chasse matinale aux gaufres.

Au-dessus de nous, un faucon des marais survole, son vol irrégulier comme celui d'un papillon. Au loin, une pie fait du bruit au faucon qui passe et prend son envol, clignotant brièvement en noir et blanc.

■

Il est facile de ne voir que les pièces du puzzle naturel – un blaireau jetant de la terre, des alouettes cornues plongeant dans le vent, des fourmis noires traînant la rosette d'une araignée morte – et de se contenter des scènes dispersées. Mais enfin, pour que cela ait un sens, nous devons compléter le tableau. Il y a cette joie particulière à découvrir des projets plus vastes : des plantes vertes utilisant la lumière du soleil ; un lapin construisant ses journées aux dépens des plantes ; le faucon déchirant la viande du lapin pour ses petits ; des pies picorant le faucon tombé; et puis, à la fin, tout retourne sur terre.

Ici, dans la prairie, comme dans toute association de plantes et d'animaux, le drame ancien se répète encore et encore ; la toundra lointaine est une scène radicalement différente avec des acteurs différents, mais le cycle est le même. La vie dépend de l'interaction de toutes ses nombreuses formes. Les bactéries invisibles sont aussi nécessaires à la terre que l'herbe verte ; le campagnol des prés et le coyote font autant partie de la prairie que les graminées.

Le secret de la vie réside dans les merveilles de la photosynthèse. Seules les plantes vertes peuvent fabriquer de la nourriture à partir des minéraux bruts de la terre. C'est la première étape vitale sur laquelle est construite la grande pyramide de la vie animale et végétale. Utilisant l'énergie du soleil, les plantes vertes combinent l'eau et le dioxyde de carbone pour synthétiser le sucre et dégagent de l'oxygène comme sous-produit. La chenille tire son énergie des tissus végétaux, convertissant en protéines le sucre et les minéraux présents dans son corps. La chenille sert alors de nourriture à une araignée ou à un autre prédateur. Une paruline jaune peut prendre l'araignée et, à son tour, être prise en embuscade par le faucon des prairies. Ainsi l'énergie produite par la plante transite par la chaîne alimentaire. Lorsque le faucon des prairies meurt, les charognards, notamment les insectes et autres invertébrés, les oiseaux et les mammifères, redistribuent ses richesses entre eux ; le reste est décomposé par les bactéries. Ainsi, les nutriments dont dépendent les plantes finissent par retourner dans le sol.

Lorsque nous observons un organisme vivant, qu'il s'agisse d'une plante, d'un herbivore, d'un carnivore, d'un parasite, d'un charognard ou d'un décomposeur, nous prenons vite conscience de ses associations avec d'autres êtres vivants, chaque pièce du puzzle nous menant à une autre puis à une autre. Nous commençons à voir une image dans son ensemble – le renard, la souris des prés, la sauterelle, l'herbe cespiteuse et l'épervier – tous imbriqués.

D'un point de vue géologique, les prairies constituent un développement récent. À mesure que les montagnes Rocheuses se soulevaient, le climat chaud et humide dominant commençait à changer. La masse montagneuse montante a intercepté les vents chargés d'humidité qui soufflaient du Pacifique, créant une ombre de pluie qui s'allongeait vers l'est à mesure que les montagnes s'élevaient plus haut. Un climat continental, caractérisé par des hivers rigoureux et des étés secs et infestés de feux de forêt, s'est progressivement formé, éteignant les grandes forêts qui s'étaient développées à l'intérieur du continent. Les plantes herbacées, qui évoluaient au milieu des forêts, héritèrent du territoire.

Contrairement aux arbres, les graminées meurent chaque hiver, accumulant leurs germes de vie sous le sol protecteur. Poussant non pas à partir de la pointe mais à partir des articulations, les graminées se régénèrent rapidement après un incendie ou un pâturage. La suspension des processus métaboliques normaux permet aux graminées de rester en dormance et ainsi de survivre aux périodes de chaleur et de sécheresse intenses.

Bien que la grande mer des Prairies s'étende jusqu'à la limite est du Glacier, avec des estuaires pénétrant dans les vallées montagneuses sur les pentes les plus sèches orientées vers le sud, la communauté des prairies représente moins de 5 pour cent de la superficie du parc national des Glaciers. Cela comprend les flaques de prairie à l'ouest de la rivière Flathead qui interrompent les denses forêts de conifères le long de la fourche nord de la rivière Flathead.

Des antillas qui fleurissent début mai aux asters et verges d'or de septembre, ces jardins d'herbes et de fleurs tout au long de l'été se penchent au gré du vent. Voici la fléole des prés, l'avoine et les graminées en grappes : fétuque scabre, fétuque bleue et agropyre bleue . Parmi les graminées fleurissent la racine amère, le camas bleu, le lupin, la gaillarde, la balsamroot, la potentille, le géranium gluant et l'églantier.

suite à la p. 68

Les forêts de Glacier

De la forêt luxuriante de thuyas rouges et de pruches de la vallée McDonald aux sapins subalpins, pins à écorce blanche et épicéas d'Engelmann luttant pour leur existence près de la limite forestière , les forêts de Glacier reflètent les conditions de température, d'exposition, de sol et de drainage qui prévalent ; et chaque forêt a son association caractéristique d'arbres et d'arbustes de sous-étage, de couverture végétale herbacée et de vie animale vertébrée et invertébrée.

Zones de vie

De nombreux facteurs physiques et climatiques déterminent l'éventail des communautés végétales et animales du Glacier. Les frontières entre les communautés sont rarement clairement définies, mais se fondent plutôt dans de vastes zones de transition.

Avec le gain d'altitude, la température moyenne quotidienne baisse au rythme de 5° tous les 900 mètres. Les précipitations, la vitesse du vent et les pertes par évaporation augmentent. Le sol s'amincit. Ces facteurs, ainsi que d'autres tels que la fréquence des incendies, l'exposition au nord ou au sud et la disponibilité d'humidité, se combinent pour déterminer l'étendue de chaque communauté.

Dans la communauté forestière située au-dessous de 1 800 mètres, le douglas, le pin tordu et le mélèze occidental prédominent. Dans les vallées, on trouve des épicéas d'Engelmann et des sapins subalpins. Les vallées occidentales du parc, un peu plus basses et bien mieux arrosées, abritent le thuya géant et la pruche occidentale.

La limite forestière est la limite supérieure à laquelle les arbres tolèrent les conditions environnementales leur permettant de croître. Étant donné qu'il existe de nombreux facteurs déterminants (vent, température, exposition au soleil, couverture de neige, etc.), la limite forestière indiquée dans le diagramme n'est qu'approximative. Dans Glacier, la hauteur moyenne est de 2 000 mètres. Des chutes d'avalanche ou des parois de falaises abruptes peuvent le supprimer jusqu'à une altitude inférieure à 1 500 mètres ; sur les pentes protégées, elle peut atteindre 2 150 mètres.

À la limite est du parc, en dessous de 1 200 mètres d'altitude, la forêt cède la place à la communauté des prairies, composée principalement de plantes à tiges molles adaptées aux conditions de faibles précipitations qui prévalent ici, à l' ombre de la chaîne de montagnes. Des touffes de trembles, trouvées dans la prairie dans des endroits abrités, se trouvent ici dans la zone de transition entre prairie et forêt.

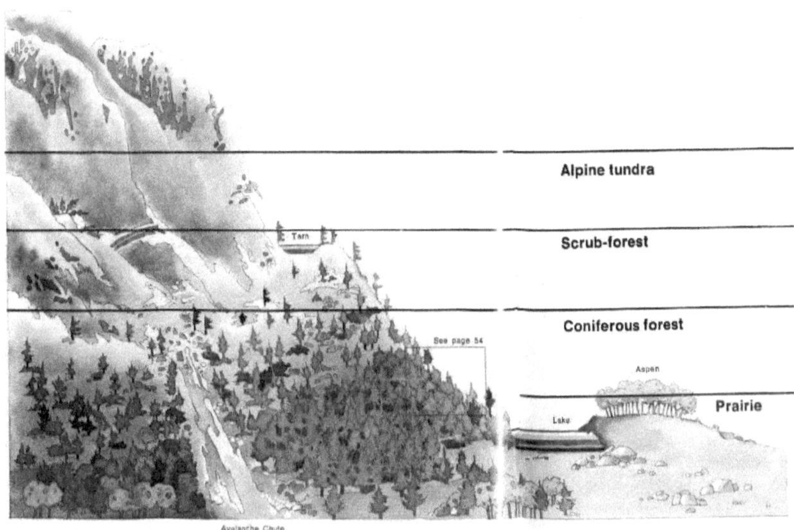

Un profil de montagne

Ce diagramme représente le versant orienté vers l'est d'une montagne hypothétique près de la limite est du parc national des Glaciers. Ses communautés de vie sont quelque peu différentes de celles des pentes des montagnes à l'ouest, principalement en raison de la différence dans les précipitations annuelles.

Illustration : Ici, au-dessus d'environ 2 750 mètres d'altitude, dans un royaume de glace, de neige et de roches stériles, il y a peu de vie.

Toundra alpine

Au-dessous de 2 750 mètres et au-dessus de 2 000 mètres, en fonction d'autres facteurs tels que l'exposition au soleil et au vent et la pente du terrain, existe la communauté de la toundra alpine, avec une végétation similaire à celle des vastes zones essentiellement plates et sans arbres de l'Arctique.

Foret de broussailles

Entre 1 800 et 2 000 mètres d'altitude environ, la végétation dominante est la garrigue. Les arbres ici sont rabougris ; sauf dans les endroits abrités , ils sont plus ou moins couchés plutôt que dressés. La croissance nette est lente, non seulement à cause de la courte saison de croissance, mais aussi à cause de l'effet d'élagage des vents glacés des montagnes. Très peu d'espèces d'arbres peuvent survivre dans cet habitat hostile.

Forêt de conifères

Dans la communauté forestière située au-dessous de 1 800 mètres, le douglas, le pin tordu et le mélèze occidental prédominent. Dans les vallées, on trouve des épicéas d'Engelmann et des sapins subalpins. Les vallées occidentales du parc, un peu plus basses et bien mieux arrosées, abritent le thuya géant et la pruche occidentale. Voir page 54

Prairie

À la limite est du parc, en dessous de 1 200 mètres d'altitude, la forêt cède la place à la communauté des prairies, composée principalement de plantes à tiges molles adaptées aux conditions de faibles précipitations qui prévalent ici, à l' ombre de la chaîne de montagnes. Des touffes de trembles, trouvées dans la prairie dans des endroits abrités, se trouvent ici dans la zone de transition entre prairie et forêt.

La communauté forestière

Une forêt est organisée verticalement comme un immeuble d'habitation ou un immeuble de bureaux, avec des couches correspondant aux étages. La *canopée* est constituée de branches et de feuillages de grands arbres qui forment un toit au-dessus de la communauté. Sous la canopée se trouvent les arbres *du sous-étage* : les jeunes individus des espèces de la canopée ; et de petits arbres tolérants à l'ombre qui ne feront jamais partie de la canopée. Sous les branches du sous-étage se trouve la *strate arbustive* , occupée par des plantes ligneuses allant de la hauteur des genoux à la hauteur de l'homme ; en dessous se trouve la *couche d'herbes* , où poussent la plupart des fougères, des fleurs sauvages, des herbes et des plantes ligneuses plus petites. Le *sol forestier* est la zone des mousses, des champignons, des plantes rampantes et des détritus forestiers (feuilles, brindilles, aiguilles, plumes, morceaux d'écorce, déjections d'animaux, etc.). La forêt possède également un « sous-sol », entrelacé de racines de plantes, de mycéliums de champignons et de tunnels d'une myriade d'animaux.

Chaque couche de la forêt possède ses espèces animales caractéristiques, mais la plupart se nourrissent sur plus d'un niveau. Certains nichent dans un étage et se nourrissent dans un autre. L'écureuil roux court d'avant en arrière du sol forestier jusqu'aux branches les plus hautes.

La communauté forestière possède également une organisation socio-économique. Chaque animal (et plante) prend de la place et consomme une partie des nutriments disponibles. Chacun a une place dans la chaîne alimentaire communautaire, comme par exemple *herbivore* , *carnivore* ou *charognard* . Chacun affecte directement ou indirectement tous les autres organismes.

La communauté forestière

Le rôle d'une espèce dans la communauté, tout comme le travail et la fonction sociale d'une personne, est sa *niche* . Des espèces d'animaux similaires ont des niches différentes, réduisant ainsi la concurrence pour la nourriture et l'espace vital. Les grives chassent près du sol ; les viréos et les roitelets chassent parmi les branches ; les moucherolles capturent les insectes en suspension dans l'air. Le scintillement se nourrit d'insectes, creuse des trous de nidification qui sont ensuite occupés par d'autres espèces telles que les écureuils et les hiboux, et est la proie du grand-duc d'Amérique ; sa niche est *exterminateur d'insectes / nourriture pour carnivores / constructeur de maisons* . Le grand-duc d'Amérique, chassant les mammifères, les oiseaux et les reptiles la nuit, se nourrit d'espèces différentes de celles chassées par l'autour des palombes et occupe ainsi une niche parallèle. Lorsqu'il meurt, ses restes, comme ceux des autres animaux, se décomposent et retournent au sol.

Canopée

Hibou grand duc

Pic à ventre jaune

Sous-étage

Écureuil volant

Couche d'arbustes

Gélinotte huppée

Couche d'herbes

Écureuil roux

Crapaud occidental

Sol de la forêt

Belette à queue courte

Insectes charognards

Souris cerf

Couleuvre

Couche de sol

Écureuil terrestre

Ver de terre

Musaraigne masquée

Soleil, plantes vertes et animaux

Le soleil est la source d'énergie de toute communauté végétale et animale. Les plantes vertes extraient l'azote et les minéraux du sol et, dans un processus appelé photosynthèse, utilisent la lumière du soleil pour convertir les matières premières (dioxyde de carbone et eau) en glucides (sucre, amidon, cellulose), dégageant de l'oxygène comme sous-produit. En plus de brûler de l'oxygène, les animaux dépendent des plantes pour se nourrir.

Les plantes vertes , les arbres et arbustes, les graminées et les carex, les fleurs sauvages, les fougères, les mousses, les algues et les lichens sont nourris par des animaux incapables de fabriquer leur propre nourriture.

Le campagnol rouge , comme les autres rongeurs, les pikas et les lièvres, les oiseaux granivores, les animaux ongulés broutant et broutant et les insectes herbivores, tire son énergie des graines et d'autres parties de plantes vertes qu'il mange.

La couleuvre rayée , qui se nourrit du campagnol, est dépendante des plantes même si elle ne les mange pas.

Le Grand-duc d'Amérique , qui s'attaque à la couleuvre rayée, est encore un peu éloigné des plantes vertes, mais il en dépend toujours.

Les charognards tels que les coléoptères charognards se nourrissent de la carcasse du hibou ; les restes sont ensuite attaqués par **des décomposeurs** , principalement des bactéries, qui décomposent les tissus animaux en composés organiques basiques.

Le sol , enrichi par les minéraux et les composés carbonés et azotés ajoutés par les décomposeurs (et par d'autres processus tels que le feu), favorise la croissance de nouvelles plantes vertes.

Ainsi, l'énergie dérivée du soleil circule à travers l'écosystème dans une chaîne alimentaire. Une communauté végétale et animale est un réseau complexe et imbriqué de telles chaînes alimentaires.

Soleil

Plantes vertes

Campagnol rouge

Couleuvre

Hibou grand duc

Charognards, décomposeurs

Sol

Une pyramide de nombres

Nécessairement, le nombre de plantes dans un écosystème dépasse de loin le nombre de mangeurs de plantes, et le nombre d'espèces de proies doit dépasser le nombre de prédateurs. Au cours de sa vie, un aigle royal consommera un grand nombre d'animaux de moindre importance. La masse combinée de proies nécessaire pour nourrir un aigle dépasse largement l'aigle lui-même. Les écologistes appellent cette relation proportionnelle de masse entre chaque maillon de la chaîne alimentaire la *pyramide des nombres* .

Le diagramme représente une pyramide de nombres pour la zone alpine. En raison de son environnement limitant, la zone alpine abrite une masse végétale moindre que la zone forestière. En conséquence, la capacité de charge des zones alpines est inférieure à celle de la forêt.

1 kilo

Les consommateurs tertiaires (de troisième ordre) sont les prédateurs (Aigle royal, Buse de Swainson , etc.) qui se nourrissent d'autres prédateurs. En raison de la perte d'énergie de 90 % à chaque niveau de la chaîne alimentaire, il y aura très peu de faucons et d'aigles par rapport au nombre de marmottes.

10 kilos

Les consommateurs secondaires sont les prédateurs (belettes, musaraignes, insectes et oiseaux carnivores, etc.) qui se nourrissent d'herbivores. Les animaux à ce niveau de la pyramide sont souvent, mais pas toujours, plus gros que les animaux dont ils se nourrissent. Mais ils sont beaucoup moins nombreux, car il faut de nombreuses proies pour nourrir un prédateur.

100 kilos

Les consommateurs primaires (mangeurs de plantes ou herbivores) transforment les tissus végétaux en chair animale. Au cours de ce processus, environ 90 % de l'énergie stockée sous forme de nourriture végétale est perdue, principalement sous forme d'énergie thermique. Dans la communauté alpine, les herbivores comprennent les pikas, les marmottes, les écureuils terrestres et les lagopèdes, ainsi que les insectes herbivores.

1 000 kilos

Les producteurs sont les plantes vertes à la base de la pyramide alimentaire, qui fabriquent la nourriture pour les animaux de la communauté alpine. La *biomasse* (poids total) de chaque niveau de la chaîne alimentaire est dix fois (plus ou moins) le poids de l'étage supérieur : 1 000 kilos de plantes vertes ne produiront que 100 kilos de consommateurs primaires.

Les grands-ducs d'Amérique sont l'équivalent nocturne des faucons de Cooper et des autours des palombes dans les forêts de basse altitude du parc. Grands et puissants, ils sont capables de capturer des proies aussi grosses que des mouffettes. Ce jeune oiseau, dérangé sur son gîte de jour, claquait son bec et remuait ses plumes de manière menaçante.

Le seul peuplement adulte important de pin ponderosa trouvé dans le parc se trouve le long du sentier des camions North Fork. Une dispersion de vieux ponderosas poussant à l'extrémité inférieure du lac McDonald suggère qu'à une certaine époque, les forêts de ponderosa étaient plus étendues dans cette région qu'aujourd'hui.

Un ours noir près de la limite des arbres . Les ours mangent presque tout, des fourmis aux charognes, de l'herbe aux détritus. Les phases de couleur incluent les ours bruns et blonds. Contrairement au grizzli plus grand et plus agressif, qui s'étend dans les plaines, l'ours noir est une créature strictement forestière.

L'ouzel aquatique, ou louche, créature des eaux rapides des montagnes, est admirablement équipé pour faire face à son environnement exigeant. Des ailes trapues, un corps trapu, une queue courte et un plumage huileux lui permettent de marcher sous l'eau, où il récupère les larves d'insectes aquatiques et les petits poissons. En volant en amont et en aval, les ouzels ne font jamais de raccourci mais suivent le cours sinueux du cours d' eau .

Tant qu'il y a de l'eau libre, le cincle ne souffre pas de l'hiver en montagne. Puis, lorsque les terres sont fermées et que les lacs sont gelés, ce petit oiseau continue de vivre dans son habitat de ruisseau de montagne, plongeant dans l'eau froide pour trouver de la nourriture et s'arrêtant de temps en temps pour chanter.

Les Ouzels construisent leurs nids de mousse vivante sur les flancs des falaises ou sur les corniches où une pulvérisation constante maintient la mousse humide. Au moment de l'envol, les quatre jeunes de ce nid d'Avalanche Gorge sont tombés un à un dans le torrent en contrebas, pour être récupérés par les adultes dans des eaux plus calmes en aval. En une journée, ils semblaient maîtriser la gymnastique sous-marine et se nourrissaient seuls.

Depuis leurs aires d'hivernage des basses terres, les wapiti se déplacent vers des altitudes plus élevées au printemps. L'aire de répartition estivale dans le parc est abondante, mais l'aire de répartition hivernale est limitée; par conséquent, les wapiti ont tendance à augmenter leurs populations au-delà de la capacité de charge de leur aire d'hivernage disponible. Lors d'un hiver rigoureux, beaucoup meurent de faim. Mais dans un écosystème équilibré, une telle perte n'est pas un gaspillage, car les charognes contribuent à nourrir les charognards ; c'est une source de nourriture initiale importante pour les ours qui sortent de l'hibernation.

Les jaseurs de cèdre nichent dans les zones humides des basses vallées où les fruits et les baies sont abondants. Bien qu'ils se nourrissent également d'insectes (qu'ils peuvent capturer en vol), leur faiblesse pour les fruits est si prononcée que les oiseaux se gavent parfois jusqu'à devenir incapables de voler.

Le spermophile colombien se trouve à toutes les altitudes du parc, des prairies aux prairies alpines. L'hibernation occupe près des trois quarts de sa durée de vie de cinq ans. Contrairement aux autres écureuils terrestres des parcs, il vit en colonies. Bien qu'elle ne soit pas aussi structurée qu'une ville de chiens de prairie, l'association est bénéfique pour tous les membres dans la mesure où le danger est facilement détecté.

La communauté de la toundra se rencontre au-dessus du parc Preston sur le sentier Siyeh Pass. Le mont Reynolds, un exemple classique de corne, domine la région éloignée de Logan Pass.

Le camas fleurit dans la communauté des Prairies le long de la route Red Eagle . Constituant un aliment de base important, les bulbes de camas étaient récoltés comme nourriture par les Indiens.

De nombreux insectes, notamment les sauterelles, sont également remarquables ; mouches; fourmis, guêpes et abeilles; papillons et mites de nuit; insectes; et les coléoptères, qui remplissent des rôles importants d'herbivores, de carnivores et de charognards, tout en agissant également comme pollinisateurs pour les plantes à fleurs et en fournissant une source de nourriture abondante pour d'autres animaux.

Sous le sol se trouvent les tunnels. Le fouissage est un moyen important de survie dans les prairies ouvertes, et la vie souterraine est étendue. Certains animaux sont rarement observés : le gaufre de poche du Nord, par exemple, avec un régime alimentaire composé d'insectes souterrains, de larves, de vers et de racines, passe la majeure partie de sa vie à creuser des tunnels juste sous la surface. D'autres, comme le blaireau, quittent leurs terriers pendant la journée pour creuser des rongeurs. Le plus remarquable des animaux fouisseurs dans les prairies du parc est le spermophile colombien. Sa position verticale et alerte lui a valu le surnom de « piquet ». Lorsqu'un danger approche depuis les airs ou sur terre, son sifflet d'alarme strident transmet l'avertissement aux autres de son espèce.

Là où les prairies et les forêts se rencontrent, une lutte sans fin pour la domination est menée. Les parcelles isolées de prairie qui parsèment la vallée de North Fork, près de Polebridge, tiennent à distance la grande forêt de la région nord-ouest du parc.

Cette large vallée, recouverte d'épandages glaciaires grossiers et en terrasses jusqu'au canal profond de la rivière North Fork, présente un champ de bataille graphique entre l'herbe et les arbres. Le douglas, le mélèze occidental et le pin ponderosa bordent les terrasses supérieures, d'où ils regardent les plaines herbeuses sèches et bien drainées comme une ligne de guerriers. Les semis d'arbres envahissent continuellement la prairie. Mais la plupart périssent tôt, leurs racines peu profondes ne faisant pas le poids face au système racinaire étendu des graminées à croissance rapide et gourmandes en humidité. Cependant, s'ils sont encouragés par une série d'étés humides, les jeunes tordus gagnent rapidement en stature. Ils avaient fait des progrès significatifs à Big Prairie lorsque l'été désastreusement sec de 1967 a tué la plupart de ces arbres pionniers de 15 ans.

Ces prairies de North Fork et les forêts de pins tordus immédiatement environnantes constituent une aire de répartition printanière importante. Les cerfs, les wapiti et les grizzlis – et, dans les zones les plus humides, les élans – paissent ou broutent ici. Et ici, sur le versant ouest de la chaîne Livingston, se trouvent les seuls peuplements de pins ponderosa du parc, un arbre qui préfère les habitats chauds et secs. En conséquence, à basse altitude, elle fusionne souvent avec la communauté des Prairies.

Les bosquets de trembles colonisent les prairies de l'Est dans les zones où il y a suffisamment d'eau et de protection contre le vent. Ces parcs à trembles constituent d'importants refuges pour les animaux . Chaque fois que deux communautés différentes interagissent, un phénomène appelé « effet de bordure » se produit. Ici, la faune existe en abondance ; les animaux qui privilégient le couvert forestier se mêlent librement à ceux qui préfèrent les espaces ouverts. Les bosquets de trembles, abritant des graminées, des herbes et des arbustes sous leur mince canopée, sont des repaires privilégiés pour les tétras, les lièvres, les cerfs et les wapiti, qui trouvent tous parmi les arbres une nourriture, un abri et une cachette abondants. Les populations d'insectes, de petits mammifères et d'oiseaux, qui sont nombreuses pour les mêmes raisons, attirent un large éventail de prédateurs.

Les tremblaies isolées ont une forme caractéristique en forme de dôme. Parce que les trembles sont capables de se reproduire végétativement, le bosquet s'étend lentement vers l'extérieur de l'arbre parent. En conséquence, la plupart de ces bosquets sont soit exclusivement masculins, soit exclusivement féminins.

Étant donné que les trembles à croissance rapide constituent une source de nourriture abondante pour les castors, les ruisseaux à proximité de ces arbres sont souvent endigués par les rongeurs qui inondent les basses terres et créent un habitat supplémentaire sous la forme de saules. Un autre « effet de bordure » s'établit, attirant les animaux trouvés près de l'eau. La sauvagine, les oiseaux des marais, l'orignal, le vison, le rat musqué, les mouffettes, les amphibiens et bien d'autres trouvent ces endroits à leur goût.

■

Avant l'apparition de l'homme blanc, ces prairies orientales étaient un paradis pour les animaux. Un jour, au sommet de Rising Wolf, étourdi par l'ascension et la vue sur une prairie sans fin, j'ai cru voir ce vaste panorama animalier intact s'étendre devant moi.

Il y avait principalement les bisons, qui assombrissaient le terrain accidenté. Les bandes d'antilopes d'Amérique brillaient en blanc sur les sommets des crêtes, et les élans se déplaçaient entre les longues branches de saule qui s'étendaient vers l'est avec les rivières. Les caribous et les loups habitaient l'ombre. Parmi les vastes villes, des chiens de prairie, des renards véloces et des grizzlis erraient. Il y avait les clameurs des grues du Canada et les nuages blancs des cygnes trompettes.

Cette terre, dotée d'une richesse d'herbes sauvages, portait bien son caractère sauvage.

La forêt

Sur Gunsight Pass, sous la pluie battante, j'ai trouvé un rocher pointu qui divisait le continent en deux. Des deux côtés, les ruisseaux de pluie coulaient, une fraction de pouce déterminant la destination du ruisseau : Pacifique ou Atlantique.

La division continentale est une barrière puissante, une ligne de conséquences qui fait plus que déterminer les bassins versants. Son effet dans Glacier est spectaculaire, comme le révèle un regard sur les forêts.

Obstruant le flux vers l'est des vents du Pacifique chargés d'humidité, le Divide extrait un lourd tribut annuel de précipitations de la masse d'air, la forçant à s'élever vers le haut de la chaîne de montagnes, où elle se refroidit et se condense. Les principaux bienfaiteurs sont les basses vallées occidentales, qui réagissent par une croissance luxuriante de forêts de type côtier du Pacifique.

Cependant, les vallées de l'Est, privées d'humidité annuelle abondante et exposées aux vents et aux températures extrêmes du climat continental des Prairies, abritent un type de forêt radicalement différent. Ici, l'épinette d'Engelmann et le sapin subalpin sont les arbres climaciques, contrastant avec des arbres tels que le thuya géant et la pruche occidentale de la vallée douce et humide de McDonald.

L'altitude exerce une restriction supplémentaire sur la répartition des espèces d'arbres. Étant donné que les conditions climatiques varient avec le changement d'altitude – des températures plus basses entraînant des saisons de croissance plus courtes et une exposition accrue au vent entraînant une plus grande perte d'humidité par évaporation – nous nous attendrions à constater un changement dans la composition de la forêt à mesure que nous gravissons le versant d'une montagne. Dans Glacier, les vallées de l'est sont en moyenne 240 mètres plus hautes que celles de l'ouest, et donc même si elles avaient plus d'humidité , elles ne pourraient pas accueillir les thuyas rouges et les pruches. Toutes les plantes ont des limites de répartition, certaines étroites, d'autres larges ; et ils excellent là où leurs préférences particulières en matière d'humidité, de sol, de soleil et d'exposition au vent sont mieux satisfaites. Sur les sites qui ne répondent pas à leurs besoins optimaux, ils risquent d'être évincés par des espèces mieux adaptées aux conditions ambiantes.

Les caractéristiques physiques du terrain déterminent également la végétation. Certains arbres préfèrent les zones humides situées le long du lit d'un cours d'eau, comme les grands peupliers noirs . Et sur les pentes abruptes, les avalanches empêchent la croissance des arbres climaciques, autorisant uniquement une croissance arbustive et souple – sorbier, érable de montagne, aulne, menziesia ….

Les communautés forestières doivent leur nom à leurs espèces d'arbres dominantes. Ainsi, une zone dans laquelle domine le douglas est appelée « forêt de douglas ». Glacier possède des forêts dans lesquelles le douglas est l'espèce climacique ; ce sont des zones majoritairement sèches, en dessous de 1 800 mètres, exposées sud et ouest. Mais nous associons habituellement le parc à ses forêts d'épinettes d'Engelmann et de sapins subalpins, que l'on trouve largement entre 1 200 et 2 100 mètres d'altitude, ainsi qu'aux forêts de thuya géant et de pruche de l'Ouest de la vallée de McDonald.

Parce que les forêts mûrissent lentement et que les changements sont généralement imperceptibles, nous sommes tentés de les considérer comme statiques et éternelles. Mais comme une forêt est une communauté d'êtres vivants, elle réagit aux changements de l'environnement. Des changements physiques ou climatiques subtils, comme une hausse ou une baisse du niveau de la nappe phréatique ou une légère augmentation ou diminution des précipitations annuelles, favoriseront certaines espèces d'arbres et en gêneront d'autres, modifiant éventuellement la composition de la forêt.

D'autres changements sont plus spectaculaires. Le plus notable d'entre eux est le feu.

Du feu à la forêt

Des éclairs de chaleur, scintillant sans bruit derrière les sommets occidentaux. Puis le premier grondement sourd. Au début, les éclairs allaient de nuage en nuage, mais maintenant, à mesure que la tempête approche, les premières lances au sol apparaissent, illuminant la nuit. Voici une grosse tempête, multicellulaire, engloutissant de plus en plus de territoire sous sa masse en colère. La foudre danse dans la forêt sèche d'août . Dans leurs tours, les guetteurs veillent.

Frappe rapprochée et embrasement ! Le chicot de crête brûle comme une bougie romaine, envoyant des braises brillantes. La vallée, la crête et le sommet s'allument et s'éteignent avec une lumière bleue tandis que la tempête rugit comme une artillerie nocturne.

En passant au-dessus de nous, le ventre bas des nuages apporte une soudaine pluie battante. Mais cela ne suffit pas : demain signifiera de longues heures de surveillance des incendies.

Le lendemain, l'aube est claire, une matinée de rosée abondante. Les impacts des crêtes n'ont pas enflammé la forêt. En inspectant la trajectoire de la tempête, les avions et les vigies ne trouvent aucune trace d'incendie.

Mais deux jours plus tard, par une matinée de vent violent, de minces panaches de fumée s'élèvent. Couvant dans l'épaisse couche de poussière du sol forestier, un point chaud persistant explose avec le vent qui souffle. Elle s'étend rapidement d'un hectare à dix tandis que les quadrants sont appelés et les équipes de pointe sont dépêchées ; puis à une centaine, en faisant intervenir les parachutistes fumigènes et en mobilisant le vaste réseau de conduite de tir. Mille hectares, peut-être dix mille pourraient brûler cette semaine de grands incendies.

Dans la forêt squelette qui en résulte, la scène de dévastation est presque accablante : la vie semble à jamais exclue de cette ruine noircie. Mais le feu n'a rien de nouveau pour les communautés forestières. Nous pouvons penser que le feu est démoniaque parce qu'il enlève de notre vie ce bloc de forêt mature, un spectacle que nous ne reverrons plus jamais dans cet endroit. Mais la nature ne fonctionne pas en termes d'échelles de temps humaines. Cette forêt est simplement repoussée plus près de son point de départ, pour recommencer sa longue progression vers un couvert végétal climacique.

Succession forestière

À travers une série d'étapes de végétation complexes, chacune caractérisée par des herbes, des arbres et des arbustes différents, la forêt revient lentement au type de végétation le mieux adapté aux conditions physiques et climatiques du site ; c'est ce qu'on appelle une communauté culminante. Le fait que la plupart des forêts de Glacier soient à un certain stade de récupération après un incendie explique en partie la mosaïque de couverture forestière trouvée ici.

La forêt de Huckleberry Mountain, sur la route de Camas Creek, a été consumée lors de l'incendie de 1967. En 1969, parmi les troncs calcinés et sans vie de l'ancienne forêt, poussaient de l'herbe luxuriante et des épilobes, des chardons et des pinceaux qui aiment le soleil . Et en 1974, les plants de pins tordus le long de la route mesuraient un mètre ou deux de haut. Lodgepole est un arbre à croissance rapide qui nécessite le plein soleil pour germer. Les feux de forêt sont nécessaires à la régénération de ces arbres : la chaleur intense provoque l'ouverture des cônes bien fermés, libérant les graines qui vont établir la forêt. Ainsi, de jeunes pins se sont développés parmi les arbustes d'épilobes, de spirées, de saules et d'érables de montagne.

La forêt de tordus près de l'entrée ouest du parc se développe depuis 1929, lorsqu'un incendie a détruit la forêt de thuya géant et de pruche dans la zone située entre Apgar et West Glacier. Sous les flèches éparses des vieux mélèzes qui ont survécu au brûlage, les mâts tordus ont maintenant poussé, formant une canopée qui ombrage le sol forestier. Parce que les tordus ne vivent qu'environ 80 ans et ne germent pas à l'ombre, cette forêt n'existera pas longtemps. Des semis de sapin de Douglas, de pin blanc, d'épinette d'Engelmann et de thuya géant tolérants à l'ombre font maintenant leur apparition. Mais les caractéristiques physiques de cette région – le climat, le terrain et le sol – sont en fin de compte les plus favorables au thuya géant et à la pruche; et à moins que d'autres perturbations n'interviennent, cette zone finira par redevenir une forêt dense de thuya géant et de pruche.

Mais cela n'arrivera pas rapidement. Le sol, après des centaines d'années de collecte de débris, redeviendra riche et humide. Les jeunes pruches germeront sur et à proximité des bûches en décomposition. Lorsque les vieux mélèzes, sapins et pins tombent, les thuyas rouges et les pruches à croissance lente prennent place dans la canopée.

La succession forestière est une histoire plus compliquée que cela ; c'est une étude fascinante portant sur les herbes, les arbustes, les petits et grands arbres et les populations animales. D'un endroit à l'autre , cela variera ; ce n'est que dans ses grandes lignes qu'il est prévisible. Elle repose sur l'observation qu'avec le temps, une forêt – ou toute autre communauté végétale – progressera jusqu'à atteindre son apogée, c'est-à-dire l'étape qui se perpétuera.

■

Comment devons-nous alors penser au feu ? De plus en plus, les experts s'intéressent moins à la suppression des incendies qu'à leur gestion. Car la suppression présente au moins trois inconvénients : elle permet l'accumulation de combustibles non brûlés qui peuvent provoquer des « tempêtes de feu » lorsqu'ils sont finalement allumés ; une forêt climacique non diversifiée est plus vulnérable aux maladies qu'une forêt mixte ; et un couvert forestier dense décourage la croissance des arbustes, une source de nourriture importante pour les cerfs, les wapiti, les élans et les petits animaux.

De même que le bien-être du troupeau de cerfs dépend des prédateurs qui diminuent son nombre, le bien-être à long terme de la forêt dépend du feu qui la rajeunit périodiquement. Nous devons comprendre que la nature sauvage s'identifie aux incendies, aux glissements de terrain, aux avalanches, aux chablis et aux inondations. La nature a non seulement appris à faire face à ces agents de changement : elle dépend d'eux pour maintenir les équilibres délicats entre le paysage et la vie. Après tout, il y a dans les affaires de la nature bien plus que le plaisir des yeux de l'homme.

Matin d'épicéa

C'est le moment idéal pour avoir une pierre dans ma botte ! Je venais de partir, la matinée était encore fraîche dans cette vallée de l'Est, et le lourd sac ne me mordait pas encore les épaules. Assis au bord du sentier, j'ai appuyé le sac contre la base d'un vieil épicéa et j'ai commencé à délacer.

J'entendais le grattement de l'écureuil roux qui descendait pour enquêter, mais je n'ai pas levé les yeux jusqu'à ce qu'il lâche un long bavardage indigné de constater que son territoire était envahi. J'ai retiré le caillou et j'ai commencé à relacer ma botte. Prudemment, l'écureuil descendit, s'arrêtant fréquemment pour gronder, sa mâchoire inférieure frémissant de rage et exposant des dents jaunes de rongeur. Les écureuils voisins se sont joints à nous et bientôt les arbres ont dansé en battant des queues.

L'écureuil descendit presque jusqu'au sol, puis remonta à toute vitesse dans l'arbre, s'arrêtant à chaque branche latérale pour lancer une bordée vocale. Ne trouvant aucun danger pour eux-mêmes, les autres écureuils quittèrent bientôt le tumulte et se remirent à vaquer à leurs occupations matinales. Je commençais à soupçonner que je commettais un délit plus grave que le simple exercice de mes droits de squatters – peut-être avais-je menacé sa cache de pommes de pin. Puis, dans le coin de ma vision, surgit une autre forme, silencieuse comme une ombre ; l'écureuil l'a également vu, mais trop tard. Avec un léger couinement terrifié, le rongeur commença à monter plus haut ; mais la martre des pins était au-dessus. L'écureuil s'est rapidement inversé, envoyant des morceaux d'écorce vers le bas.

Alors que l'écureuil sautait de l'arbre en désespoir de cause, la martre le rattrapa en plein vol ; ils sont descendus ensemble. Serrant fermement la créature molle dans ses mâchoires, la martre gravit à grands pas la pente d'un épicéa tombé. Avant de sauter sur une étagère plus élevée pour disparaître, il m'a brièvement regardé. Il me semblait lire, fixé dans ses yeux, une certaine reconnaissance du fait que j'avais distrait sa proie.

Une brise me fit frissonner, me arrachant à cette vision rapide d'une fourrure luxuriante, à cette grâce aveuglante qui projetait sa tache orange sur la gorge à travers les arbres, et je réalisai que je transpirais. Un instant, j'avais été cet écureuil, les yeux écarquillés de terreur, voyant le destin s'abattre, et impuissant devant l'ordre naturel des choses.

L'incident a fait chanter à nouveau les autres écureuils ; mais la confiance avait disparu, et bientôt tout fut calme. De quels rêves rêvent les écureuils, me demandai-je en regardant autour de moi. J'ai alors vu cet endroit plus clairement, étant pris entre une martre et sa proie. J'ai vu chaque épicéa : son âge, son état, les assauts qu'il avait subis ; l' herbe à ours qui monte dans une ouverture ; et en bas du sentier, une prairie jaune, blanche et rouge avec des plantes soufrées , des mariposa et des pinceaux indiens. Les abeilles, les mouches, les araignées et les papillons travaillaient dans ce petit jardin niché parmi les arbres bondés. D'innombrables formes de vie sous le sol et l'écorce, dans les tunnels, les crevasses, les trous et les poches, travaillant de manière invisible pour survivre et, d'une manière ou d'une autre, une fois additionnées, entretenant également la forêt.

Un scintillement appela, son *Kleeyer bruyant* brisant le silence de la forêt. Oiseaux, mammifères, plantes, insectes, tous se cachent ici, leur vie est si habilement brodée qu'il n'existe aucun fil lâche que mon esprit puisse saisir pour démêler et comprendre l'œuvre.

La forêt avait été autrefois un endroit qui obstruait ma vue, un grand espace vide à parcourir, quelques heures de flou nécessaire avant d'atteindre le lac ou le col élevé. Maintenant, j'étais tout à fait content de rester un moment sous ces arbres à gros tronc .

■

Une forêt, comme les montagnes elles-mêmes, abrite différents niveaux de vie. Le sol et le substrat constituent une excellente usine de transformation où les bactéries, les champignons et les insectes travaillent, décomposant les déchets végétaux et animaux, recyclant les tissus morts et rejetés en composés organiques, gaz et minéraux plus simples, fournissant ainsi de la nourriture aux plantes en croissance. Comme les araignées, les musaraignes, les troglodytes et les grives semblent le savoir, la chasse est bonne sur le sol forestier.

Juste au-dessus du sol forestier se trouve la couche d'herbes, une couche de croissance saisonnière comprenant des fleurs, des champignons, des graminées et d'autres petites plantes.

Au-dessus s'étend la strate arbustive, puis le sous-étage de jeunes arbres attendant leur chance de prendre place dans la canopée de la forêt, au-dessus.

De la canopée ondulante, exposée à toute la force du soleil et du vent, au sol sombre et humide, la forêt offre un large éventail d'habitats.

Relativement peu d'animaux vivent à la cime des arbres. Le mouvement presque incessant rend la nidification trop dangereuse pour les oiseaux. Les écureuils roux s'aventurent jusqu'à couper des cônes dans la canopée, mais stockent leur butin et construisent leurs nids plus bas.

À mi-distance entre la canopée et le sous-étage, l'autour des palombes et la buse de Cooper nichent . Les pics, les sittelles et les suceurs se nourrissent des troncs d'arbres et nichent dans les cavités qu'ils creusent ou s'approprient. Les écureuils roux et les écureuils volants nocturnes créent ici un trafic important, ainsi que les martres et les hiboux qui les chassent.

Le sous-étage et les couches arbustives abritent le plus grand nombre d'oiseaux nicheurs. Ici, les effets de la tempête et de la pluie sont minimisés et la couverture de protection est la plus importante. Viréos, grives, fauvettes, colibris, merles bleus, moucherolles et autres se retrouvent parmi l'enchevêtrement de cette couche parfois impénétrable .

La zone la plus peuplée, le sol forestier, abrite une étonnante abondance d'organismes. Sous le trafic intense de souris, de musaraignes et d'animaux plus gros se trouve un éventail ahurissant d'insectes et d'autres invertébrés. Le taux d'attrition des déchets du sol forestier – un champ de bataille continuel difficile à comprendre – est énorme. Plus l'organisme est petit, plus son nombre est susceptible d'être grand. Ce sol humide et riche en humus regorge de bactéries, et une poignée contiendra un nombre surprenant de petites araignées, de pseudo-scorpions et d'acariens presque microscopiques.

Chaque année, environ deux à trois mille kilogrammes, poids sec, de matières tombées jonchent un hectare moyen de forêt. Tous ces déchets végétaux et animaux – brindilles, feuilles, branches, arbres tombés, plumes, cheveux, excréments et carcasses – sont traités par les armées de décomposeurs qui prospèrent sur le sol forestier. Avec l'aide de créatures plus grandes qui brisent les tissus végétaux et animaux, la plupart des bactéries microscopiques sont capables de décomposer chaque jour de cent à mille fois leur propre poids.

Peu d'arbres meurent de vieillesse en forêt. Le taux de mortalité des semis est nécessairement élevé, car chaque année, un nombre de graines germent bien plus grand qu'il ne peut atteindre leur maturité. Parmi ceux qui le font, beaucoup sont victimes des dangers omniprésents de maladies, d'infestations d'insectes, de chablis, d'érosion des cours d'eau et d'incendies. À eux seuls, les insectes représentent une menace redoutable pour les arbres, car ils ont développé tous les moyens d'attaque : mâcher et extraire les feuilles, percer les brindilles, manger le cambium et le bois de cœur, sucer la sève, déclencher des galles. Si le monde des insectes ne se surveillait pas, aidé par les araignées, les oiseaux insectivores et d'autres animaux, les forêts et autres plantes disparaîtraient rapidement devant la horde mâcheuse, ennuyeuse et suceuse.

■

A travers les arbres, la lumière de la Citadelle montre le matin qui s'écoule. Alors que je commence à me lever , je vois une couleuvre rayée glisser dans le sentier poussiéreux, à la recherche de la terre chauffée par le soleil. Se déplaçant lentement, attentif au danger, il sonde fréquemment l'air avec sa langue sensible. Mais contre le duff de couleur claire , sa forme sombre offre une belle cible, mendiant une attaque. Un tamia, observant depuis une souche d'observation à proximité, remue nerveusement sa queue sur son dos, curieux - peut-être méfiant - à la vue d'un serpent. Très légèrement la tête du serpent se relève, sa langue vacille. Pendant quelques secondes, reptile et rongeur se regardent. Puis le tamia retombe sans bruit dans son moignon creux et le serpent baisse la tête sur un sol chaud.

Un jour prochain, un épervier ou une belette interrompra le bain de soleil matinal du serpent. Le serpent nourrira les oiseaux ou les mammifères pendant un certain temps, tandis que les souris, les jeunes oiseaux et les insectes nourrissent désormais le serpent. Le tamia aussi, fouillant à proximité, vit dans l'ombre des griffes et des dents.

En attendant ce moment de rencontre intense, chacun a sa propre niche, son mode de vie, un rayon de soleil et suffisamment de nourriture.

Une promenade dans la forêt de thuyas rouges

Climax! Le mot prend ici un véritable sens, parmi ces arbres aux larges racines. Lorsque vous entrez dans cette forêt, le bruit de la route ne vous suit pas très loin – comme lorsque vous entrez dans une grotte et tournez à un coin de rue, le son et la lumière sont laissés derrière vous. Il y a un espace surprenant, un sentiment d'ouverture dans une forêt mature de thuya géant. Avec un sous-étage maigre et une canopée si loin au-dessus et partout complète, cela ressemble à une vaste catacombe aux hauts plafonds, surmontée d'énormes cèdres à l'écorce hirsute et des troncs profondément marqués de peupliers noirs. Le sol est jonché de géants tombés dans un magnifique désarroi, des racines soulevées s'agrippant toujours à la roche fracturée.

Un jour de pluie est un bon moment pour parcourir un sentier de cèdres, lorsque la lumière terne semble briller de la mousse humide, faisant briller les sous-feuilles de la massue du diable et de l'érable des Rocheuses. Le vent et la pluie, comme la lumière, pénètrent difficilement dans les treillis de cette verrière ; de fines lignes de brouillard se développent au-dessus des tourbières. L'air est frais avec les plantes en croissance, mais encore froid comme la neige lorsque les premières fleurs printanières apparaissent.

Des têtes de fougères déployées bordent le sentier en mai, s'élevant du centre des frondes nivelées et sans vie de l'année dernière. Des parterres de trilles font briller leurs fleurs blanches à trois pointes comme des lampes de poche dans les recoins sombres. Contrairement à la petite orchidée calypso cachée, qui porte ses pointes violettes et sa gorge jaune au-dessus de la mousse, les trilles ne cachent pas leur croissance printanière. Ce sont des plantes audacieuses et belles, à feuilles larges et hautes, avec des pétales blancs cireux qui se teintent de violet lors de leur floraison d'un mois.

La mousse recouvre tout. Les rochers sont verts et légers, résistants et surmontés de forêts miniatures de semis de cèdre. Les anciens arbres tombés sont masqués par des couvertures de mousse, poussant des pruches ici et là. Les verts riches qui caractérisent les étés des Glaciers semblent commencer ici, au milieu des feuilles brillantes d'humidité des fleurs jumelles, du bouquetin et du lys perlé.

Plus tard, les araignées feront tourner des milliers de kilomètres de filaments arachnéens parmi les arbres. Les tisserands d'orbes accrocheront leurs toiles haut et bas, suspendues à chaque ouverture. En vous promenant alors dans la forêt, vous verrez des rayons de soleil tourbillonner dans les toiles supérieures jusqu'à ce qu'ils ressemblent à des cimes tournant parmi les troncs d'arbres .

Les Indianpipes , ces « fleurs fantômes » qui n'ont pas besoin de lumière pour pousser, perceront le sol de la forêt. Comme les champignons, dont les fructifications sont nourries par des mycéliums souterrains , ces saprophytes absorbent leurs nutriments d'un champignon qui recouvre leurs racines.

Recevant en moyenne environ 18 centimètres de précipitations annuelles de plus que les forêts à l'est de la Division, la communauté de thuya géant et de pruche du Glacier accumule son humidité. Sa végétation dense et les parois montagneuses environnantes empêchent la circulation des vents desséchants. Les mousses et les fougères transpirent leur humidité, que vous pouvez sentir ; rapprochez votre main et vous ressentirez une fraîcheur semblable à celle de l'air exsudant d'une grotte de glace. De longs filaments de poils de squawhair et de barbe de chèvre , des brins de lichen noirs et gris qui s'épanouissent dans l'air humide sont drapés sur les branches des arbres.

À l'exception de l'ours noir, peu de grands animaux habitent la forêt profonde. Les grizzlis trouvent un meilleur fourrage dans les prairies ou à la lisière de la forêt. Puisque l'ombre décourage les sous-bois arbustifs, les cerfs et les wapiti chercheront ailleurs à se nourrir. En été, les wapiti, les grizzlis et les cerfs mulets ont tendance à se promener dans les hautes prairies.

Contrairement aux oiseaux bruyants et remarquables de la prairie – alouettes des prés et goglus des prés – les oiseaux de la forêt semblent insaisissables et secrets. Bien que nombreuses, les grives variées, les solitaires de Townsend et les grives à Swainson sont rarement vues ; mais lorsqu'on les approche, ils s'envolent silencieusement et sont engloutis par l'ombre de la forêt.

Il semble y avoir de la sérénité dans une forêt mature, comme si la lutte pour la vie était en quelque sorte suspendue, les besoins des animaux ici moins urgents, étouffés. L'imposante forêt de thuyas rouges ne semble pas être un champ de bataille, mais plutôt un monument à ce que la Terre peut faire.

La nuit perpendiculaire

Derrière le terrain de camping Avalanche, un sentier ramène au Lake McDonald Lodge. J'ai décidé de le suivre un soir de juin, pour ressentir la sensation de la forêt profonde se transformant en nuit. Avec le mur de montagne voisin interceptant le soleil, le crépuscule arrive tôt dans cette vallée. Dans la prairie, la nuit traverse le paysage en une ligne régulière, aussi franche qu'une marée montante ; on peut presque sentir le globe se détourner du soleil. Il y a du réconfort dans la nuit qui arrive, son violet constant dominant le ciel.

Mais ici, les ténèbres semblent surgir de la terre. Il se rassemble sous les touffes de pruches et comble le fond des ruisseaux . Il semble flotter d'un endroit à l'autre. Vous regardez autour de vous, inquiet, essayant de l'attraper ici ou là, mais vous ratez toujours ses infiltrations. Il capture les clairières étroites lorsque vous détournez le regard ; des poches d'obscurité d'arbres se rejoignent, forçant la lumière vers le haut jusqu'à ce que la cime des arbres semble incroyablement brillante et lointaine.

À travers les arbres, je pouvais voir une douzaine de feux danser dans l'ombre grandissante, la fumée du bois et les bruits du camp emplissant l'air. En montant le sentier , j'ai ressenti une réticence à quitter la présence de ces incendies – un sentiment insensé, mais fort. Une peur croissante de la forêt m'a poussé presque physiquement en arrière vers ces cercles de feu. J'ai ressenti le besoin d'être près d'un feu, d'être rassuré par la chaleur et la lumière. Le feu était notre plus grand ami, notre meilleure arme. Grâce à lui, nous avons vaincu les longues périodes de glace et éloigné l'obscurité de la forêt. Il n'y avait aucun mal ici, seulement le silence ; pourtant, plus je marchais, avec la mousse de barbe qui pendait comme des poignards tout autour, plus j'avais envie de la camaraderie du feu.

Suite à la p. 104

Le prédateur vital

La loi impitoyable de la prédation peut à première vue paraître cruelle ; mais le prédateur joue un rôle essentiel dans le maintien de l'équilibre de la communauté biotique. Sans le facteur de contrôle de la prédation, les espèces de proies augmentent rapidement leurs populations. Si les herbivores ne sont pas contrôlés, la population excédentaire qui en résulte dépasse la capacité de charge de l'aire de répartition. Les réserves alimentaires diminuent rapidement. Dans une zone endommagée, la compétition et le stress en résultent, aboutissant généralement à une mortalité massive par famine et maladie.

Ironiquement, les prédateurs rendent ainsi un service à leurs proies. Les premiers à tomber aux mains du prédateur sont les vieux, les malades, les imprudents et les jeunes. En supprimant de nombreux cerfs jeunes et vieux d'un troupeau typique, les couguars diminuent la concurrence entre les cerfs pour l'aire de choix, tendant ainsi à maintenir le nombre d'herbivores à parité avec la capacité de charge du terrain. Seuls les cerfs les plus forts et les plus prudents survivent, garantissant que les plus aptes perpétueront l'espèce. Lorsque l'homme perturbe cet équilibre délicat – en détruisant les prédateurs dans l'espoir d'augmenter le nombre de gibier – le résultat est un désastre écologique. Dans les années 1930, dans une tentative malavisée de « préserver » les troupeaux de cerfs de Virginie de la région de North Fork, de nombreux coyotes et couguars ont été exterminés. Rien qu'en 1935, 50 couguars ont été tués. Soulagé de la pression de la prédation, le cerf s'est épanoui. En quelques années, cependant, la gamme normalement adéquate a été gravement surexploitée . Le wapiti (« wapiti ») et l'orignal, ongulés qui partagent l'aire d'hivernage avec les cerfs, ont également souffert de ce déséquilibre.

Certains prédateurs sont plus spécialisés que d'autres. Le lynx du Canada, par exemple, a des pattes surdimensionnées, une adaptation qui lui permet de se déplacer dans la neige profonde sans briser la surface. De ce fait, c'est un prédateur efficace du lièvre d'Amérique, un autre animal à grandes pattes. S'appuyant sur cette adaptation, le lynx se nourrit presque exclusivement de lièvres d'Amérique. Par conséquent, ses chiffres fluctuent inévitablement avec le cycle de dix ans « d'expansion et de récession » de la raquette.

Le coyote, quant à lui, est un prédateur généralisé, exploitant toutes les proies actuellement abondantes. Si les souris ou les écureuils terrestres sont rares, ils subsisteront de tout, des sauterelles aux baies, jusqu'à ce que leurs proies préférées redeviennent disponibles. (Les animaux qui mangent normalement à la fois des aliments végétaux et animaux sont appelés omnivores.) Les prédateurs généralisés sont donc mieux équipés pour survivre aux déséquilibres écologiques temporaires, maintenant leur nombre à des niveaux relativement constants d'année en année.

Tous carnivores, les animaux présentés dans ces pages illustrent diverses adaptations pour capturer des proies.

La population du lynx du Canada, largement répartie dans les forêts de conifères de Glacier, fluctue selon des cycles. Le lynx est abondant ou rare selon l'état de la population de sa principale proie, le lièvre d'Amérique, également cyclique.

Le couguar, qui se nourrit principalement de cerfs, nécessite un vaste territoire. En raison de sa force, de sa furtivité et de sa rapidité, le folklore américain a donné à ce chat méfiant une fausse réputation de traqueur d'hommes.

Le renard roux dépend en grande partie d'un odorat bien développé pour localiser ses proies ; il compte également sur sa vue perçante, sa vitesse et son agilité pour capturer des souris, des lièvres, des oiseaux et tout ce qu'il peut surprendre ou surprendre.

Pour nourrir ses petits exigeants, la grive à Swainson chasse les insectes le long du sol forestier et dans les sous-bois denses. Cette grive s'appuie sur son comportement secret pour protéger son nid près du sol de la détection par d'autres prédateurs.

Armée de pattes antérieures élargies, l'araignée crabe attend sur ou à proximité des fleurs pour tendre une embuscade aux abeilles, mouches ou autres insectes en visite. Son venin tue rapidement, lui permettant d'attaquer des insectes plusieurs fois plus grands que lui.

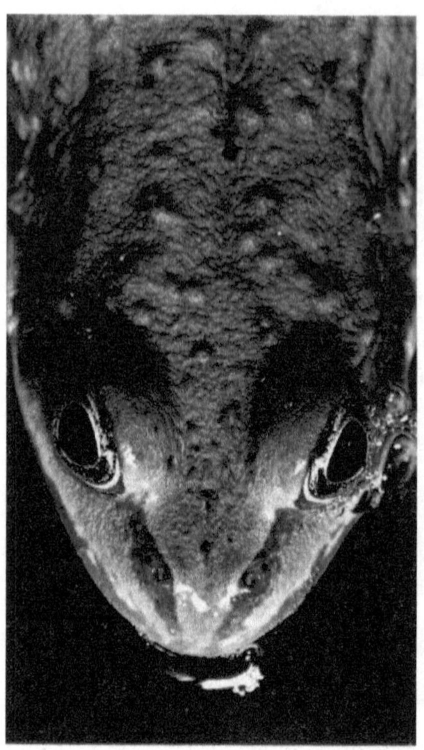

La grenouille maculée est un prédateur à grande bouche qui non seulement mange des arpenteurs d'eau et d'autres insectes, mais avale également des grenouilles plus petites et des petits poissons.

Coloration protectrice

Pour échapper à l'extermination, chaque espèce doit d'une manière ou d'une autre déjouer ses ennemis. La coloration protectrice est l'une des adaptations les plus courantes permettant d'y parvenir. La plupart des animaux ressemblent dans une certaine mesure à leur environnement. Les marques visibles de certains, comme le papillon monarque au goût amer ou la mouffette rayée, semblent fonctionner comme un avertissement aux prédateurs potentiels qu'il est dans leur intérêt de chercher un repas ailleurs.

Certains animaux, comme le lagopède à queue blanche et le lièvre d'Amérique, présentent des changements saisonniers dans leur plumage ou leur pelage, portant du blanc en hiver et du brun en été. Même les prédateurs, comme les belettes à longue queue et à queue courte, bénéficient du camouflage saisonnier. La coloration protectrice les rend moins visibles pour les proies et les plus gros prédateurs.

De nombreux insectes changent également de coloration avec la saison. Les sauterelles vert vif du début de l'été deviennent plus brunes à chaque mue, correspondant aux changements de la végétation environnante.

L'ombrage oblitérant est particulièrement important pour les animaux qui fréquentent plus d'un habitat. Vues d'en haut, les tortues correspondent à leur fond sombre ; d'en bas, en raison de leur ombrage de soubassement plus clair, ils se fondent dans la lucarne lumineuse.

La coloration perturbatrice aide à briser les contours d'un animal. Les papillons et les mites ont généralement des marques perturbatrices sur les ailes. Les formes distinctives des yeux peuvent être masquées. La coloration des yeux peut imiter la couleur du corps, comme chez le katydid vert, ou l'œil peut conserver des marques corporelles perturbatrices.

Les oiseaux nichant au sol sont particulièrement vulnérables aux attaques. Leurs œufs ont tendance à être fortement tachetés de couleurs terreuses, ce qui les rend moins visibles. Les poussins portent également ces colorations perturbatrices sur leur duvet natal.

La plupart des mammifères, au pelage brun ou gris, sont discrets lorsqu'ils sont immobiles. Les faons des cerfs sont dotés d'un pelage moucheté, imitant le sol forestier moucheté par le soleil ; cette coloration perturbatrice, associée à l'absence d'odeur et à leur comportement instinctif de « congélation », rend difficile leur détection par les prédateurs.

Le cerf de Virginie n'utilise pas seulement son « drapeau » blanc pour avertir les autres membres du troupeau du danger ; cela permet également à un prédateur qui le poursuit de l'utiliser comme cible. Lorsque la queue tombe soudainement, effaçant brusquement la tache blanche et brillante, le cerf semble disparaître dans son environnement sombre.

Étant donné que les animaux trop visibles sont sujets à la prédation, la sélection naturelle favorise le développement d'un camouflage approprié.

Pour les oiseaux terrestres comme le lagopède à queue blanche, le camouflage est une adaptation importante pour la survie. Le lagopède change de plumage en fonction de son environnement : il est blanc en hiver, moucheté en été. Se déplaçant lentement et s'abstenant de voler, il est moins susceptible que les oiseaux plus actifs d'être détecté par des prédateurs aux yeux perçants et conscients du mouvement.

Les oiseaux qui, à l'éclosion, sont recouverts de duvet et sont capables de se déplacer librement sont appelés *nidifuges* . Ils dépendent moins de leurs parents que ne le sont les jeunes *nidicoles* , qui sont nus et sans défense à l'éclosion ; mais ils doivent fortement compter sur leur ressemblance avec leur environnement pour survivre pendant leurs premières semaines d'incapacité de voler. Ce poussin de tétras du Canada, qui se fond dans son habitat de sol forestier tacheté de soleil , est un exemple d'oiseau nidifuge.

Le motif perturbateur audacieux du plumage du poussin du cerf cerf aide cet oiseau nidifuge à éviter d'être détecté dans son environnement de prairie ouverte. Cette adaptation, associée à l'instinct du poussin à se figer à l'approche du danger, garantit qu'un nombre suffisant de jeunes survivront pour perpétuer l'espèce.

Ursus arctos horribilus : Le roi vulnérable

Au sommet de la pyramide alimentaire, cette grande bête est incontestablement le roi de la communauté biotique de Glacier. Pourtant, l'avenir à long terme du grizzli est incertain. Le grizzli ayant été exterminé de la majeure partie de son ancienne aire de répartition, qui s'étendait autrefois jusqu'au centre du continent et au sud jusqu'au Mexique, son nombre a diminué proportionnellement à la diminution de son aire de répartition. Les concentrations actuelles dans les États-Unis contigus demeurent dans et autour des parcs nationaux de Yellowstone et des Glaciers. Il y a probablement moins de 200 de ces magnifiques créatures dans le parc national des Glaciers.

Les grizzlis se distinguent facilement de l'ours noir, plus commun. En plus d'être plus grands et plus lourds, les grizzlis ont une bosse d'épaule caractéristique ; griffes longues et bien visibles; et une face large et concave qui leur donne une apparence « bombée ». La fourrure est généralement brune ; comme la fourrure de l'ours noir, cependant, la couleur peut varier du noir au jaunâtre. Les poils à pointe claire donnent à la fourrure un aspect givré, ce qui lui vaut le surnom de « pointe argentée ».

Les grizzlis, communément considérés comme des grands prédateurs, sont plus précisément décrits comme des omnivores. La charogne, les herbes, la berce laineuse et plusieurs espèces de baies, de bulbes et de tubercules constituent le régime alimentaire d'un grizzly, ainsi que des insectes, des petits mammifères et un ongulé occasionnel qu'il peut attraper. En conséquence, les grizzlis jouent plusieurs rôles dans la communauté biotique, fonctionnant comme herbivore, charognard et prédateur.

Présents dans toutes les zones de vie, les grizzlis suivent la fonte des neiges printanière jusqu'aux prairies alpines, retournant à des altitudes plus basses pour hiberner de novembre à avril. Un à trois petits naissent au milieu de l'hiver pendant l'hibernation. Puisque le lien maternel dure deux ans, une truie n'acceptera un partenaire qu'un an sur deux. La mortalité des subadultes est élevée, résultant principalement de la compétition entre les ours eux-mêmes. Comme pour la plupart des animaux, l'aire de répartition – l'habitat – semble être le facteur limitant des populations de grizzlis.

Le grizzli est normalement timide et craintif envers l'homme, mais très imprévisible. Les ours blessés ou malades, les truies qui défendent leurs petits, les jeunes adultes et les ours conditionnés à l'odeur humaine sont les plus dangereux. À mesure que les humains continuent d'empiéter sur le territoire des grizzlis, les risques d'affrontement augmentent également. Les récents décès et blessures infligés par les grizzlis posent un problème épineux au Service des parcs nationaux, qui est chargé de la sécurité des visiteurs d'une part et de la protection de la population de grizzlis restante du parc, d'autre part. On espère que la poursuite de l'étude de l'écologie des grizzlis et des programmes de gestion des ours de plus en plus éclairés permettront à l'homme et à l'ours de coexister dans un espace sauvage dont ils ont tous deux besoin.

Les grizzlis sont friands de succulentes herbes printanières.

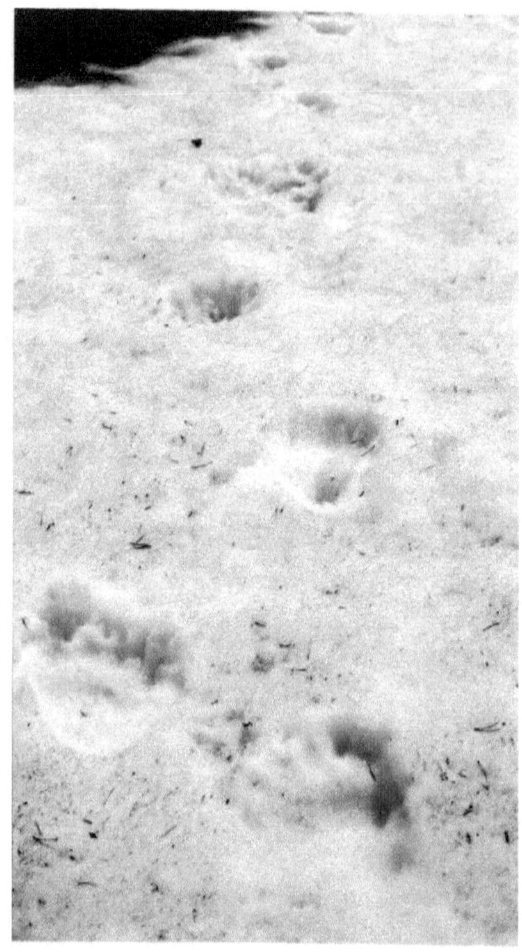

Traversant toutes les zones de vie du parc, le grizzli est un véritable opportuniste, se nourrissant de tout, des fourmis aux baies en passant par le wapiti.

Il est rare qu'un grizzly dépasse 225 kilogrammes dans Glacier. Il s'agit d'un jeune adulte.

Pygargues à tête blanche et saumon kokani : un récent rassemblement

En 1916, le saumon kokanee, une petite forme enclavée de l'espèce de la côte du Pacifique, a été planté dans le bassin hydrographique de Flathead. Avec la première plantation complétée par des empoissonnements supplémentaires, les poissons ont prospéré dans le lac Flathead, froid et profond, et, dans une moindre mesure, dans le lac McDonald. Le saumon se nourrissait presque exclusivement de zooplancton.

Au milieu des années 1930, les montaisons de saumon commençaient à s'établir. L'exutoire du lac McDonald constitue un site de frai idéal pour le saumon. L'eau qui coule rapidement est claire, froide et peu profonde, et le lit du ruisseau est graveleux.

Mesurant en moyenne 0,3 mètre de long et pesant moins d'un demi-kilo, le saumon adulte de 4 ans cesse de s'alimenter et commence à migrer. Des milliers de personnes parcourent à la nage les 100 kilomètres qui séparent le lac Flathead du ruisseau McDonald. Les mâles apparaissent en premier dans le ruisseau, arrivant à la fin septembre, et sont bientôt suivis par les femelles.

Utilisant sa queue pour creuser un nid (une dépression peu profonde du nid), la femelle dépose environ 650 œufs. Après fécondation par le mâle, les œufs sont recouverts. Les adultes meurent dans les trois semaines qui suivent le frai, leur corps épuisé par le rigoureux voyage de migration et le manque de nourriture qui dure des semaines.

La mortalité des œufs est élevée, en raison de l'érosion des cours d'eau et des perturbations causées par d'autres saumons reproducteurs. En éclosant fin mars, les alevins sortent du gravier et migrent vers l'aval.

Attirés par les 75 000 à 150 000 saumons concentrés dans une étendue d'eau peu profonde de 3 kilomètres, les pygargues à tête blanche commencent à se rassembler au ruisseau McDonald en octobre. On ne sait pas d'où viennent les aigles ni où ils vont après la migration. Glacier compte moins de 20 pygargues à tête blanche résidents d'été, et ceux-ci sont répartis parmi les lacs éloignés de la région de North Fork.

En 1939, 37 pygargues à tête blanche ont été dénombrés le long du ruisseau. En 1969, 373 individus avaient été signalés, ce qui représentait environ 10 pour cent de la population hivernale estimée cette année-là pour la région contiguë des États-Unis. Depuis 1960, le décompte s'élève en moyenne à 240 oiseaux. (En 1977, il y en avait 444.)

Les aigles se nourrissent en plongeant pour cueillir le saumon de l'eau ou en pataugeant pour attraper un poisson échoué sur un rapides peu profond. Un aigle peut consommer jusqu'à six poissons par jour. Les oiseaux immatures ne sont pas aussi habiles à attraper des poissons et peuvent inciter les adultes ou d'autres immatures à relâcher leurs prises.

De son point d'observation, ce pygargue à tête blanche adulte examine les eaux du ruisseau McDonald. Le poids moyen est de 5,7 kilogrammes ; l'envergure moyenne est de 2,2 mètres. Les femelles sont légèrement plus grandes que les mâles.

Ce pygargue à tête blanche immature n'a pas la tête et la queue blanches familières des oiseaux adultes. Il n'acquérira ces marques qu'après plusieurs années.

Les saumons kokani mâles et femelles reproducteurs se distinguent facilement ; à mesure que l'heure du frai approche, ils changent d'apparence. Le dos gris foncé devient rouge ; la tête devient verte et les mâles développent un dos bossu et des mâchoires crochues.

S'élançant vers le haut avec un poisson, un aigle adulte se dirige vers un perchoir pratique pour consommer ses prises. Un arbre stratégiquement situé peut contenir 30 oiseaux.

Un triomphe aux multiples couleurs

Les prairies, les prairies, la toundra ou toute autre zone du Glacier propice à la croissance des plantes et bénéficiant d'une lumière solaire abondante produit une extravagance de fleurs sauvages. Cet étalage de formes et de couleurs variées n'est ni un accident ni une simple décoration de la nature. La récente explosion d'espèces de mammifères et d'oiseaux sur Terre n'aurait pas non plus été possible sans l'évolution des plantes à fleurs.

Il y a deux cents millions d'années, au début de l'ère des reptiles, les angiospermes (plantes à fleurs) n'avaient pas encore évolué. La reproduction des plantes reposait encore sur les spores et les cônes. Puis, au cours du Crétacé, les derniers sédiments se sont déposés dans la mer intérieure qui recouvrait la majeure partie du Montana. (Ce sont ces sédiments que les anciennes roches précambriennes des montagnes du Glacier ont plus tard envahies, formant le chevauchement de Lewis.) Au cours de cette période, le miracle de l'évolution s'est produit : les plantes à fleurs - herbes, vignes, arbustes, arbres à feuilles larges, fleurs sauvages - ont hérité de la Terre.

Le timing était important. Alors que le climat tropical de la Terre évoluait progressivement vers des températures extrêmes au cours de cette période, la domination des dinosaures à sang froid prit fin et les forêts de conifères exigeantes en humidité qui couvraient la terre d'une monotonie verte commencèrent à rétrécir. Les angiospermes ont apporté une solution au vide écologique : les graminées et les plantes herbacées poussaient là où les arbres ne le pouvaient plus. Plus important encore, des relations ont évolué entre cette nouvelle classe de plantes et les espèces d'insectes relativement peu nombreuses qui existaient alors.

Les insectes ont commencé à utiliser le pollen des plantes à fleurs ; les angiospermes, à leur tour, ont développé des pétales brillants et du nectar qui exploitaient les insectes visiteurs à des fins de reproduction des plantes. Ce partenariat a permis aux insectes de se diversifier rapidement, évoluant vers de nouvelles formes spécialisées telles que les abeilles, les papillons nocturnes et les papillons. En conséquence, les formes prédatrices d'insectes et d'arachnides se sont également rapidement diversifiées.

Le changement le plus spectaculaire concerne toutefois les oiseaux et les mammifères à sang chaud, dont le métabolisme élevé nécessite des carburants à haute teneur énergétique. Contrairement aux graines de gymnospermes, qui ne contiennent aucune enveloppe protectrice, les graines d'angiospermes sont entourées d'un fruit. Le développement de ces graines hautement nutritives et l'explosion d'espèces d'insectes qui en a résulté ont assuré la survie des oiseaux nouvellement évolués.

Alors que les oiseaux se diversifiaient en granivores, insectivores et carnivores, les mammifères, puis de petites créatures incertaines ressemblant à des rats s'élançant parmi les pattes des dinosaures, commencèrent une ascension rapide vers la domination ; les prairies ont favorisé une explosion d'espèces herbivores et carnivores.

L'évolution des angiospermes et la révolution animale qu'elle a rendue possible se sont déroulées à une vitesse incroyable. Plus important encore, il s'agissait d'un premier pas vital dont dépendait l'ascension fulgurante de l'homme.

Le pinceau indien est commun à toutes les altitudes sous la toundra. Il peut être blanc, jaune, orange, rose ou rouge. Les fleurs elles-mêmes, discrètes et vertes, sont entourées de bractées aux couleurs vives. Semi-parasite sur d'autres plantes, le pinceau pousse normalement en conjonction avec d'autres fleurs sauvages ; ses racines volent la nourriture des plantes voisines.

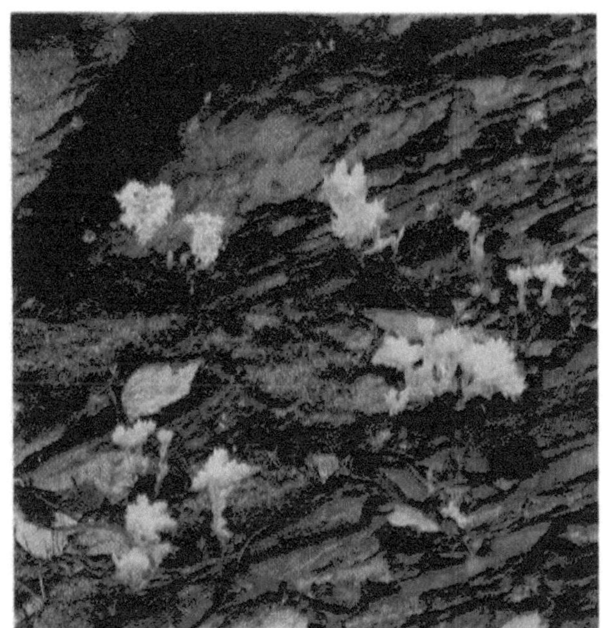

L'orpin jaune, largement répandu dans les zones forestières et broussailleuses, est l'une des rares plantes du parc à avoir des feuilles succulentes, une adaptation qui l'aide à survivre dans des situations telles que des affleurements rocheux secs.

L'orchidée Calypso pousse dans la forêt fraîche et ombragée où la lumière est faible. Il vit en partenariat avec certains champignons présents autour des racines de l'orchidée et semblent contribuer à la nourrir.

Le lupin soyeux, une légumineuse, possède des nodules fixateurs d'azote sur ses racines, lui permettant ainsi de pousser dans un sol pauvre en azote. Il est largement distribué dans les communautés de prairies et de forêts.

Succession des incendies : la clé de la continuité

La plupart des incendies du Glacier sont provoqués par la foudre. Les grèves peuvent éclater immédiatement ; ou des incendies peuvent couver dans la forêt pendant des jours jusqu'à ce qu'ils soient attisés par le vent. *Les incendies au sol* peuvent traverser le sous-étage forestier, causant des dégâts mineurs ; ou bien ils peuvent franchir le sous-étage et atteindre la canopée, devenant ainsi *des feux de cime à propagation rapide*. Dans certaines conditions, des enfers incontrôlables peuvent se développer, générant des vents et une chaleur terribles. Ces incendies rares sont appelés *tempêtes de feu*.

Chaque type d'habitat forestier possède *une végétation climacique*, c'est-à-dire des arbres et des arbustes qui conviennent le mieux au site et qui se maintiennent ainsi indéfiniment s'ils ne sont pas perturbés.

Après un incendie majeur, les conditions de l'habitat sont généralement tellement altérées que le site doit passer par plusieurs *étapes de succession* avant que les conditions ne soient telles que la végétation climacique puisse revenir. Une *sère* est une série de communautés végétales qui se succèdent de manière ordonnée jusqu'à ce que les conditions climax soient à nouveau atteintes.

Les incendies provoqués par la foudre se produisent le plus souvent pendant les semaines chaudes et sèches de la fin de l'été.

Lorsque la forêt est sèche, la foudre provoque souvent des poussées rapides.

La forêt pourrait continuer à brûler pendant des jours après la fin de la principale conflagration.

Après un incendie majeur, des herbes, des arbustes et des fleurs sauvages qui aiment le soleil envahissent rapidement l'ancienne forêt. Les cerfs et les wapiti bénéficient de ces nouvelles sources de nourriture.

Le pin tordu, une espèce pionnière qui s'empare rapidement des zones brûlées à basse altitude, pousse rapidement. Ces arbres ont cinq ans.

Il s'agit d'une forêt du parc national des Glaciers , 80 ans après un incendie majeur.

Un coup de marteau soudain m'a fait sursauter. Au-dessus de l'obscurité de la forêt, un grand pic se penchait d'un haut chicot de mélèze, appuyé contre le tronc par ses plumes de queue spécialisées et raides. C'était la première fois que je voyais ce gros oiseau blanc et noir, le « coq des bois ». Les traces de son travail sont nombreuses : les excavations profondes et oblongues dans le tronc et l'amas de gros copeaux de bois à sa base, tous deux caractéristiques de cette espèce. Il a encore martelé et j'ai pu voir les copeaux tomber. Après avoir travaillé un peu le contour du trou, il en sortit une larve et s'envola en hurlant contre l'obscurité qui avançait.

Près d'un ruisseau, je me suis arrêté pour m'asseoir, écouter l'eau et peut-être apercevoir un petit animal. À travers le défilé étroit, d'une pente dense de jeunes pruches, parvenait le bourdonnement d'une grive variée. Plusieurs notes suivirent, toutes sur une hauteur différente, toutes longues, égales et claires ; la qualité était pure mais sans chant, décousue, délibérée, comme quelqu'un testant l'anche d'un bois étrange. Il ne semblait y avoir aucune joie au cœur de cette grive. La chanson était sombre, obsédante, solitaire.

Sur le sentier devant moi, je pouvais distinguer un oiseau qui sautillait rapidement. Après avoir dépassé l'endroit, j'ai pu entendre son chant. Il ne pouvait pas y avoir une centaine de mètres entre nous, et pourtant cela semblait venir de très loin. J'ai écouté aussi longtemps qu'il chantait. J'ai essayé de l'entendre tel qu'il était, une grive à Swainson mâle proclamant son territoire. Mais les phrases éthérées, semblables à celles d'une flûte, semblaient être un chant du soir fait non pas pour les oreilles des hommes mais uniquement pour la forêt elle-même.

Je me dépêchai après que l'oiseau eut cessé. Il commençait à faire sombre sous les arbres, mais je commençais à prendre conscience des créatures sous mes pieds, des dards fous de musaraignes et de campagnols, plus imaginés que vus. Lorsqu'une souris chevreuil s'est éloignée, j'ai sorti ma lampe de poche. Bientôt, la poutre a attrapé un rat des bois assis au sommet d'une bûche tombée. La lumière ne le dérangeait pas du tout ; à mon approche, il a ramassé sa queue touffue dans ses pattes avant. Les moustaches tremblantes, il avait l'air plus caricatural que réel. Puis il bondit hors du rondin avec des sauts gracieux et arqués et disparut dans la nuit.

Sur un morceau de ciel qui apparaissait dans une clairière, je pouvais distinguer des chauves-souris, tournant et plongeant comme des hirondelles. Localisant un papillon de nuit en vol stationnaire, j'ai maintenu le faisceau lumineux dessus jusqu'à ce qu'il disparaisse dans une traînée de silence et de fourrure. Il était temps de rentrer.

À présent, il faisait complètement noir au milieu des arbres, un monde étranger , sans lune, sans vision , livré aux yeux noir de marbre des petits mammifères nocturnes et des créatures qui les chassent. J'ai pensé aux sociétés étranges et invisibles des écureuils volants, les homologues nocturnes des écureuils roux ; des hiboux à grandes cornes, inspectant le même terrain que les autours des palombes scrutaient pendant la journée. Peut-être qu'un renard roux en quête de nourriture se déplaçait dans l'obscurité à proximité, ou un coyote en patrouille de nuit.

Le faisceau de la lampe de poche sondait le long du sentier. Les racines exposées recevaient une ombre non naturelle et semblaient s'épaissir et se tortiller à mesure que je m'approchais. De chaque côté, les troncs d'arbres semblaient reculer à cause de la faible lueur de la lumière. Je me sentais perdu dans cette nuit, pensant à la grande obscurité qui régnait sur toutes les crêtes boisées qui s'étendaient vers l'ouest depuis la Division. Dans cette vaste cathédrale composée d'arbres et de sommets bondés, la nuit se dressait, les étoiles réduites à un cercle au-dessus, comme si elles étaient vues du fond d'un puits. Tel une souris, frissonnant, insignifiant dans ce désert, je me suis précipité pour trouver un feu et remplir mes sens vides de sa chaleur, de son claquement et de sa lumière, retenant l'effroi de la nuit et pensant au soleil de demain.

Foret de broussailles

Le couronnement de la beauté du Glacier - les hautes prairies en cirque qui parfument le vent de fleurs sauvages et de cascades - appartient à la zone de forêt broussailleuse.

À Logan Pass, vous découvrez les hauts plateaux. Ici, un bassin de hautes terres exquis abrite les jardins suspendus, un dégradé recouvert de fleurs sauvages, entrecoupé de tourbières en marches d'escalier et de lignes de sapins subalpins courbés par le vent. Au soleil de l'aube, avant le premier bruit du moteur, il brille sans interruption, lumineux et affaissé comme une toile d'araignée attachée au cercle de sommets environnants.

C'est la région dont le randonneur se souvient le mieux. Les hautes montagnes portent cette zone à proximité des falaises, et les sentiers la rencontrent à proximité des cols ou la suivent sur de longues portions plates, comme le long du Mur du Jardin. Je me souviens de Preston Park et de Fifty Mountain, du banc touché par le feu de Granite Park et de la première vue du chalet Sperry, construit sur un rocher au sommet des arbres. Mais je me souviens surtout de la terrible cascade qui devient Bowman Creek, du plongeon de près d'un kilomètre qui draine le magnifique banc des hautes terres appelé Hole-in-the-Wall.

Trou dans le mur

Septembre. La saison se fait tardivement, la rue des prés meurt et les feuilles du fraisier des bois tombent enfin. Partout la contagion rouge de l'automne entoure le vert vital. Les basses vallées ont perdu le sifflement des écureuils terrestres. Ils ne prennent plus le soleil ces jours tardifs et doux. Mûrs, lents et vulnérables aux faucons, ils ont ressenti le besoin d'hiberner.

Cela fait huit ans que je n'ai pas visité Hole-in-the-Wall, mais je conserve ses dimensions et j'entends à volonté sa douzaine de cascades. Une fois que vous avez vu ce bassin, vous avez une mesure pour juger du haut pays et une soif de prairies à la limite des arbres.

À Glacier, la limite des arbres s'étend entre 1 850 et 2 300 mètres, selon les conditions locales. La limite supérieure de la croissance des arbres - rarement une ligne horizontale uniforme - est généralement une bande indistincte qui s'étend de manière erratique sur le visage d'une montagne : une zone de tension reflétant les variations de l'exposition au vent et au soleil, le degré de pente, les accumulations de neige et la présence d'un sol adéquat. et de l'eau.

Le sapin subalpin, le pin à écorce blanche et l'épinette d'Engelmann n'abandonnent pas facilement leur ascension; là où les conditions deviennent sévères, leur croissance est retardée et leur stature est réduite. Déformés et élagués par le vent, leurs dirigeants tués par l'hiver lorsqu'ils dépassent la protection du manteau neigeux hivernal, les arbres deviennent des arbustes, contraints de coller au sol. La taille dément l'âge dans ces forêts elfiques, ou krummholz, où la saison de croissance est douloureusement brève et les progrès sont toujours incertains. Un petit buisson tordu et noueux, plus chicot qu'une branche vivante, portant un ou deux cônes, peut être supérieur d'un siècle aux géants de sa race dans la vallée en contrebas, qui inondent chaque année le sol d'une abondante récolte de cônes.

Cette fois, je viendrai de Goathaunt , passerai les lacs Janet et Francis, atteindre Brown Pass par l'est et camper dans le jardin spectaculaire entre Brown et Boulder Pass.

Des prairies et des éboulements brisent la forêt à mesure que le sentier gagne en altitude et en distance à travers la vallée. Les épinettes et les sapins s'éclaircissent rapidement au fond de la vallée, le sentier gravissant la pente herbeuse jusqu'au large et bas col Brown. Au-dessous du col se trouve Thunderbird Pond, qui reçoit l'eau de fonte d'un glacier situé en hauteur sur un plateau du mont Thunderbird et est bordé par une basse jungle de saules. Dans l'eau se tient un orignal mâle, ses bois lourds et entièrement formés, prêts pour les affaires imminentes de la saison.

J'espérais revoir des pinsons de Cassin et des parulines d'Audubon sur le col ; mais la sapinière est calme. En m'asseyant pour me reposer et écouter, je prends conscience d'un étrange silence. Aucun oiseau ne chante ou ne vole parmi les arbres, aucune alarme ne circule parmi les écureuils terrestres alertes. Il n'y a pas de vent – une condition étrange pour la Continental Divide. Cet endroit semble retenir son souffle. Au-dessus de nos têtes, un voile de cirrus dispose de longues lances dans le ciel.

En quittant le col, le long du dôme du mont Chapman, je ressens à nouveau l'ancienne excitation de ce haut pays. Brusquement, la gorge de la vallée Bowman s'ouvre, révélant le serpent bleu sinueux du lac Bowman, au fond de l'étroite vallée emprisonnée dans les falaises. Voici encore les titans du nord : Numa , Peabody, Boulder, Thunderbird et Rainbow ; et Carter, avec son haut glacier montrant des dents de glace bleues au soleil.

Ce n'est pas la montée qui fait battre votre cœur maintenant ; le sentier est soudain étroit et défie les falaises, coupé par les eaux plongeantes des bancs de neige bien au-dessus. Ce sont des sommets splendides, inégalés dans un pays aux terres musclées et brutales. Même l'air semble conserver l'odeur du travail des glaciers.

Enfin la vue de Hole-in-the-Wall, un cirque d'escalier creusé entre les gigantesques nervures déployées du mont Custer . Les pentes d' herbe à ours sont maintenant tachées de graines et décharnées, la plénitude blanche a disparu. Les pasqueflowers occidentales ont accompli leur transformation magique ; Connus en cette saison sous le nom de barbe du vieil homme, ils agitent leurs touffes de soie grisonnante au vent. Les fleurs de singe rouges et jaunes fleurissent encore, se pressant le long des nombreux cours d'eau, et les carex et les mousses qui aiment l'eau entourent les bassins d'eau collectés sur les larges niveaux en fer à cheval .

Un sentier secondaire descend dans le terrain de camping sur le dernier rebord. Par une fente dans sa lèvre, l'eau recueillie du bassin tombe. Depuis la vallée en contrebas, la cascade semble jaillir d'un trou dans le mur de tête, donnant son nom à ce bassin. De bas en bas, de bas en bas, rugit l'eau là où autrefois un puissant glacier grinçait des dents.

Je remets à plus tard la confection du camp ; À présent, les ombres nettes de Boulder Peak poignardent la forêt de la vallée et commencent l'assaut ascendant de Thunderbird.

Autour des murs de tête du bassin, les amas de neige de l'hiver dernier restent formidables. Les grottes de neige envoient des torrents d'eau de fonte. Des nénuphars et des taches de beauté printanière bordent leurs franges. Les pasqueflowers fleurissent dans des poches. Ici, parmi les asters du mois d'août, éclosent aussi les premières fleurs du printemps, qui poussent à mesure que les bancs de neige diminuent, faisant de ces endroits sans neige un patchwork de mai et juillet, août et juin. Les arbustes qui bordent l'eau furieuse sont des saules, encore bourgeonnés en ce dixième jour de septembre. Les prochains jours apporteront une vive surprise.

L'hiver va bientôt arrêter la fonte de cette neige. Se pourrait-il que je sois témoin de la première année d'un réveil de l'ère glaciaire ? Si tel était le cas, chaque année, les champs de neige deviendraient plus épais et plus larges, reliant à nouveau les plateaux en une seule masse de glace, des lys et des saules ensevelis, la chaleur estivale ne parvenant pas à les sauver, jusqu'à ce que la glace commence enfin à glisser, dépouillant le sol et une fois de plus. arrachant la roche vivante.

Alors ces sapins nains , qui s'accrochent de manière précaire aux falaises et se cachent derrière le dos des rochers, seraient plus en danger qu'ils ne l'étaient de la part de leurs récents antagonistes. Engloutis par la glace, ils ne connaîtraient plus le vent tranchant. Leurs squelettes pleuvaient dans la vallée en contrebas, signalant une autre longue retraite forestière. Mais ils ont déjà attendu que la glace des montagnes disparaisse et ils enverraient à nouveau leurs graines dans cette vallée, quoi qu'il en soit, comme ils l'ont toujours fait.

Le soir fait ressortir deux élégantes biches de cerf mulet. Lorsqu'ils broutent, leurs grandes oreilles se dressent, triant les moindres sons du rugissement incessant de l'eau. Tous deux lèvent la tête et pointent leurs oreilles, statue droite, vers le seau d'un porc-épic. Un bruit parmi les rochers attire un regard vers l'arrière et attire l'attention de ces oreilles. J'aimerais avoir la sensibilité d'un si bel équipement, entendre ce que les cerfs ont toujours entendu.

En m'occupant des affaires du camp, je m'interroge sur ces animaux qui m'ont observé pendant un moment, puis sont repartis, après avoir déjà vu une tente monter. Avec l'apparition de la lune, le vent augmente et ils testent l'air plus souvent. Ont-ils des visions de couguar ou de grizzly à chaque claquement de vent ?

En été, ces hautes prairies abritent une surprenante variété de vie animale. Les marmottes et les beaux écureuils terrestres à mante dorée sortent brièvement de leur hibernation. Souris, campagnols, musaraignes et rats des bois courent dans l'ombre, se nourrissant du festin de graines et d'insectes de la saison. Un véritable cauchemar pour ces petites belettes féroces qui hantent les rochers.

Des traces de couguars et de carcajous sont parfois aperçues, souvent d'une fraîcheur taquine ; apercevoir l'un ou l'autre de ces prédateurs insaisissables, c'est goûter le meilleur vin de la nature.

Avant la saison des baies, les grizzlis fouillent les prairies à la recherche des savoureux bulbes de lys des glaciers et des tubercules de la beauté printanière ; souvent distraits par l'odeur d'un spermophile dans son terrier, ils font parfois une immense excavation contre une petite récompense.

Les moineaux à couronne blanche chantent en juillet depuis les cimes basses des arbres battus, bien que leurs nids se trouvent au sol. Les pinsons roses à couronne grise patrouillent les sols les plus secs à la recherche de graines tandis que les pipits d'eau chassent les insectes dans les zones humides. Au-dessus, un aigle royal scrute à nouveau le bassin, décrivant lentement des cercles avant de suivre une crête vers le sud pour apercevoir une autre pente probable sur son territoire de 10 000 hectares.

La lune brille à travers le sommet de la tente. Le vent, qui souffle plus violemment désormais, fait frissonner le nylon et interrompt la voix de la cascade. J'ai suivi la floraison de l'anémone depuis les prairies d'avril jusqu'à sa floraison la plus élevée près de la limite des arbres . Je pense aux gousses triangulaires des lys des glaciers, aux colonies de gentianes bleues à gorge raide et à la dernière gloire de la saison, la verge d'or. Le pinceau indien, du blanc au rouge feu, flamboie les pentes qui éclairent les marges du sommeil.

Je me réveille sous une pluie déterminée, la lune est partie et la tente frémit sous le souffle du vent. J'essaie de ne pas penser à l'air glacial et je m'endors dans un sommeil agité qui ressemble à un tapis roulant sans fin de sentiers rocheux.

Raide et non rafraîchi, je regarde le matin sans aube . La pointe de Thunderbird est détachée de sa base par des nuages gris tourbillonnant au niveau de sa gorge. Une vague de neige fondue descend, danse sur les rochers, chantant le triomphe sur les fleurs enterrées, tordues et brisées d'hier.

donc m'enfuir, avant Boulder Pass. Inatteignable désormais, invisible au-dessus du cirque, ce col haut grandit dans ma mémoire. Ce témoignage de ce qu'un glacier peut faire, de la lutte des arbres et des pionniers de la vie qui envahissent des endroits si difficiles, est à mes pieds mais enveloppé de neige. Mes mains deviennent raides et engourdies par le travail fastidieux de faire mes valises.

J'avais souhaité revoir Kinnerly Peak, s'élevant de la vallée occidentale de Kintla , et marcher le long des rebords noirs de lave qui recouvrent le col. Au-delà pousse un bosquet de mélèzes subalpins, majestueuse, rarement rencontrée, l'espèce d'arbre la moins commune du Glacier. Confiné dans cette zone étroite entre forêt et alpine, il s'élève haut et fier, imperméable au climat exténuant qui fait que les autres arbres se recroquevillent.

Mais il faudra attendre encore un an, car cette saison sera difficile. Et la volonté de l'hiver est d'effacer tout ce que l'été avait imaginé.

Toundra

Froid comme de la porcelaine, le soleil de novembre se lève dans le ciel du sud-est. Les corniches, incrustées de glace et recouvertes de grésil suite à une récente rafale, sifflent le vent froid du matin. En s'abaissant, un éboulement rocheux plonge du dernier rebord, quelques secondes s'écoulant avant que les sons creux de l'impact ne reviennent. Telle une apparition de l'hiver lui-même, barbe blanche pliée par le vent, une chèvre de montagne s'avance vers le bord du précipice. Regardant le vaste vide blanc, ses longs poils sur le ventre et ses pantalons ruisselants du vent incessant, cet étrange animal, produit d'une insondable ingéniosité, n'hésite qu'un instant ; descendant de marche en marche invisible le long de la paroi rocheuse abrupte, fracturant la glace au fur et à mesure, il transforme un mur et disparaît. Un enfant agile de huit mois le suit.

Clignotant et se tordant dans la lumière terne, la pluie de glace brisée tinte doucement vers le bas contre la roche, s'estompant comme les courts étés de cet endroit.

Mais pendant que le vent chante l'hiver, la vie a fait un passage ici et attend aussi, cachée dans les graines, les racines et la tanière.

■

La nounou et son enfant se sont maintenant couchés et regardent le bassin profond et enneigé en contrebas. Leur rebord brille aux premiers rayons du soleil.

Bien en dessous du col qui relie le mont Siyeh aux géants des neiges Matahpi et Going-to-the-sun, trois lagopèdes à queue blanche mâles sortent de leur groupe nocturne dans un banc de neige et sortent pour picorer un tapis de saule exposé. Le lagopède alpin, le seul oiseau de la toundra hivernale, porte un plumage blanc en cette saison, ce qui contribue à le camoufler dans la neige, tout comme son plumage d'été marbré de brun le rend difficile à détecter parmi les rochers dénudés. Il y a peu de prédateurs ici pour les chasser maintenant, mais ils se déplacent avec une lenteur habituelle ; un mouvement rapide peut être fatal lorsque l'été amène de nombreux regards sur les pistes. Avec des pattes et des doigts couverts de plumes et des griffes acérées pour gratter sous la neige pour se nourrir, le lagopède vit en trêve avec l'hiver. Lorsque les blizzards font rage entre les sommets, ils se blottissent ensemble dans des tanières de neige, hors de portée des vents. Les poules lagopèdes hivernent plus bas dans les bosquets de saules plus hauts, mais les mâles préfèrent hiverner le plus haut possible.

Maintenant, ils s'accroupissent derrière les rochers qui détournent le vent, somnolent dans la maigre chaleur du soleil matinal.

Près des rochers sans neige du sommet, un éclair de fourrure brune zigzague parmi les rochers. Ce serait un pika. Ce n'est qu'un instant qu'il se montre, tant il bouge rapidement.

Également appelé lapin des rochers, le diminutif pika appartient à l'ordre des lièvres et des lapins. Ressemblant à un petit cobaye, cette créature robuste rejette l'hibernation pour relever le défi de l'hiver. Au lieu de cela, il passe l'été à se reposer dans un magasin de foin pour la saison maigre, à répandre de l'herbe coupée pour guérir sur les rochers et à s'occuper de ses « meules de foin », dont dépend sa survie.

L'hiver est un grand péril pour les petits mammifères. Leurs petits corps, en raison de leur grande surface par rapport au volume, retiennent mal la chaleur et leurs feux métaboliques élevés consomment rapidement des calories. De grandes quantités d'énergie sont nécessaires pour maintenir un animal actif sur un terrain accidenté, ce qui impose des exigences supplémentaires à sa capacité à survivre au froid. Le pika devra peut-être empiler jusqu'à 25 kilos de foin ; pour alimenter son fourneau pendant l'hiver, il devra alimenter son estomac presque toutes les heures.

Les petits animaux des climats froids présentent souvent des adaptations corporelles distinctives. Chez le pika, les petites oreilles arrondies reposent à plat le long de la tête, la queue est discrète et les pattes sont courtes ; la perte de chaleur des surfaces exposées est ainsi réduite. La fourrure isole la plante des pieds du pika tout en offrant une bonne traction sur les parois rocheuses abruptes.

Cachés sous ces rochers se trouvent les marmottes en hibernation et les écureuils terrestres endormis. Sous la neige, les souris, les musaraignes et les gaufres luttent pour survivre. Mais au-dessus du sol, confrontés directement à ce climat arctique, se trouvent le pika, le lagopède et la chèvre de montagne.

Triomphe de l'adaptation, la chèvre de montagne affronte les journées d'hiver sans bénéficier ni de la tanière du pika ni du gîte des neiges du lagopède.

La nounou et l'enfant descendent de leur rebord pour explorer la limite des arbres avec d'autres membres d'un groupe lâche : des yearlings, de jeunes mâles, d'autres nounous avec des enfants. En marge du groupe, un adulte solitaire ne s'associe qu'à contrecœur avec d'autres membres de son espèce ; car c'est la saison du rut.

Pas vraiment des chèvres, ces parents des chamois alpinistes européens sont isolés du vent par des manteaux de fourrure longue et creuse recouvrant un sous-poil laineux. Ils sont trapus, aux jambes raides et déterminés, capables de franchir les murs et les pinacles avec leurs sabots superbement adaptés. La conception unique de ces sabots confère à l'animal une grande traction et une grande stabilité sur les rochers précaires. S'ouvrant vers l'avant, la fente entre les deux sabots s'étend chacun vers l'extérieur au fur et à mesure que l'animal descend une pente, aidant ainsi à agripper la surface rocheuse. De plus, la semelle large, rugueuse et souple de chaque pied s'adapte à la roche nue, augmentant ainsi la traction.

La chèvre n'a guère besoin de quitter ses sanctuaires escarpés ; il peut subsister sur les lichens et les mousses si le brout n'est pas disponible. Sa sécurité dépend de l'inaccessibilité des falaises. Les accidents, les avalanches et les chutes de pierres sont de plus grands ennemis que des prédateurs. Les aigles royaux tentent parfois de faire tomber les nouveau-nés des rebords et un chevreau se retire rapidement sous sa nounou lorsqu'un aigle passe par là. Grâce à la protection de cornes pointues et à un terrain terrifiant, les chèvres adultes sont rarement victimes du couguar ou du grizzli.

Il faudra beaucoup de temps avant que la neige ne libère ces terres et que les wapiti, mouflons d'Amérique, grizzlis et couguars retournent dans ces hauts bassins. Dans ce minimum de vie hivernal, les chants printaniers des pinsons roses, des pipits d'eau et des moineaux à couronne blanche semblent une extravagance impossible.

■

Je suis attiré par la toundra printanière – par la vigueur et la ténacité de sa vie clairsemée – où la survie elle-même semble assez cérémonieuse. Mais c'est un monde étrange, où l'homme est hors de perspective. Ici, la couverture végétale est haute et la distance, faute d'arbres, trompe l'œil. Ici, le vent, la neige et le soleil brûlent rapidement la peau et la lumière intense, réfléchie par les bancs de neige, poignarde les yeux. Presque instantanément, un sandwich est aspiré de son humidité. Le vent desséchant sonde les oreilles jusqu'à ce qu'il semble enfin transpercer votre cerveau. À l'exception des effrayants murs des montagnes, la seule ombre est la vôtre. Les animaux semblent en quelque sorte lointains et inconnaissables, comme vus à travers une vitre. Une journée dans la toundra et vous ressentez le besoin d'une compagnie d'arbres.

Pourtant, une fois exposé, vous acquérez une envie de ressembler à la toundra. Nulle part ailleurs on ne trouve une telle impatience pour le printemps : les fleurs s'épanouissent en courant ; le pipit d'eau mâle s'envole, son chant d'alouette comme du cristal dans l'air. Les oiseaux nicheurs sont agités, car les jours de soleil et les journées chaudes sont rares, précieux et rapidement passés. Les insectes et les araignées abondent, volant autour des sommets ou rampant parmi les rochers.

L'été amène des bandes de béliers d'Amérique de la vallée pour explorer les plus hautes prairies. Bien qu'elles n'aient pas le pied aussi sûr que les chèvres, elles ont elles aussi des sabots adaptés à l'escalade des parois abruptes et parcourent les pentes non loin en dessous des chèvres.

Les marmottes, qui sifflent bruyamment lorsqu'elles sont menacées, passent leurs journées à bronzer et à brouter ; ils doivent remplir leurs manteaux de fourrure désormais lâches avec de la graisse vitale pour l'hiver à venir.

Les animaux alpins sont dotés de mobilité et peuvent choisir leur météo, se retirant dans un terrier, une tanière ou un port rocheux pour échapper aux pires tempêtes. Mais qu'en est-il des plantes, enracinées pour toujours au même endroit, agressées par un soleil impitoyable et un vent desséchant, et confrontées à la menace presque quotidienne du gel et des tempêtes ?

Les plantes alpines, de par leur conception et leurs habitudes de croissance, se sont adaptées de plusieurs manières aux exigences rigoureuses de ce climat. La plupart des plantes sont vivaces : il n'y a tout simplement pas assez de jours ou de nutriments disponibles pour faire pousser des plantes entières chaque année à partir de graines. Et ils ont la capacité de croître et de réaliser la photosynthèse à des températures juste au-dessus du point de congélation, prolongeant ainsi leur saison. Dans cette zone, les températures dépassent rarement 15°C ; la température moyenne estivale est d'environ 10 °C. Mais une fleur comme la renoncule alpine, que l'on trouve à la limite des arbres ou au-dessus, peut pousser à travers plusieurs centimètres de neige ; la chaleur dégagée lors de la respiration de la plante va créer une ouverture par laquelle elle pourra émerger.

Les plantes disposent de diverses adaptations pour répondre aux exigences de l'environnement alpin. L'orpin jaune, non limité à cette zone, peut néanmoins y survivre grâce à sa succulence charnue et à son enveloppe cireuse qui évite la perte d'eau. Sur certaines plantes, les poils protecteurs recouvrant les feuilles et les tiges aident à retarder les effets brûlants du vent et du soleil. Souvent, ce feuillage pubescent semble plus gris que vert, car les poils doux atténuent la couleur.

La croissance en coussin est une autre adaptation alpine. Le coussin de silène de mousse, recouvert de délicates fleurs roses, atteint environ un tiers de mètre de diamètre et seulement 3 à 5 centimètres de haut. Répartie au ras du sol, la plante évite la grande violence du vent et emmagasine l'humidité comme une éponge.

La dryade, qui pousse abondamment sur le passage venteux du col Siyeh , présente des adaptations alpines de plusieurs manières. L'énergie de la plante mature est canalisée principalement vers la reproduction : sa grande fleur, soutenue par une tige courte, mûrit rapidement ; et il produit de nombreuses graines, assurant la germination de quelques-unes. À feuilles persistantes, il commence à synthétiser de l'eau et du dioxyde de carbone en nourriture dès que la neige a disparu ; et ses feuilles enroulées empêchent une évaporation rapide. Il pousse comme un tapis bas et ligneux qui s'étend d'année en année grâce à la production de nouvelles pousses qui tapissent la roche. La croissance du tapis a l' avantage de retenir les matières végétales mortes et de capturer les grains de sol soufflés par le vent, permettant ainsi à la plante d'élargir lentement sa base de sol.

Comparé à la forêt, le rythme cardiaque de la toundra est terriblement lent. Ici, une plante peut pousser pendant un quart de siècle avant d'avoir acquis les réserves nécessaires à la floraison. Contrastant avec la progression dans la toundra, la succession forestière défile à une vitesse vertigineuse. Même si ce changement est imperceptible, la communauté végétale alpine passe également du statut de pionnier à celui d'apogée.

Au-delà des limites des autres plantes, les lichens prospèrent, incrustant les roches de leurs couleurs arc-en-ciel. Un lichen est en réalité une association primitive et très réussie entre un champignon et une algue, travaillant ensemble pour un bénéfice mutuel. Le champignon protège l'algue délicate, emprisonnant et retenant l'humidité ; l'algue verte, à son tour, produit suffisamment de nourriture pour répondre aux besoins du champignon.

Générant des acides de désintégration des roches qui aident à sécuriser ce partenariat avec la roche, les lichens, ainsi que l'altération physique, aident à décomposer les roches en particules de sol. Collectés en poches par le ruissellement ou le vent, les sols rudimentaires sont lentement envahis par des plantes en coussin. Après des siècles de colonisation par ces dernières, tandis que le maigre sol s'approfondit et s'enrichit et que la rétention d'humidité augmente, d'autres plantes s'installent, culminant enfin dans les graminées rustiques et les carex. Comme en forêt, les espèces pionnières modifient le milieu à leur détriment, créant un habitat mieux adapté aux autres espèces.

Même s'il progressera avec une lenteur géologique, le sol rocheux du col de Siyeh – dont la couverture végétale est actuellement rare et balayée par le gel et le vent incessant – développera avec le temps des graminées et des carex, la végétation climacique des prairies alpines.

■

La simplicité règne en zone alpine. Ici, la vie est réduite à l'essentiel. La principale force de contrôle est le climat ; mais les plantes et les animaux qui vivent ici sont bien adaptés. Comparée aux royaumes inférieurs, où la concurrence et la prédation sont féroces, la vie ici semble sécurisée.

Il y a une pénalité à la simplicité. Dans les basses terres, les longues chaînes alimentaires et la diversité des espèces, la longue saison de croissance et l'approvisionnement alimentaire abondant confèrent à la forêt un mécanisme d'ajustement et un pouvoir de guérison qu'on ne trouve pas dans la toundra à l'équilibre critique. Plus la variété d'une communauté végétale et animale est grande, plus grande est la stabilité. Il existe donc dans le monde alpin un paradoxe : les formes de vie les plus durables constituent la communauté la plus fragile.

Les communautés de l'eau

Les champs de neige recommencent leur fonte estivale. Le ruisseau alpin, à nouveau vocal, puise son eau en mille endroits. Des gorges miniatures drainent la prairie, gargouillant avec le scintillement et le ruissellement de l'eau de fonte au cours des jours de printemps qui s'allongent.

En prenant du volume, le flux semble se précipiter plus vite ; au premier escalier de pierre, il se met à chanter. Je suis le ravin vers le bas, tiré comme l'eau. Il y a de l'excitation dans la course et le rugissement grandissants, une rafale de vent balayant l'air. Un arc-en-ciel apparaît, se tenant fermement au nuage tourbillonnant d'embruns, puis se dédouble et disparaît brusquement.

Au premier grand plongeon, l'eau se jette vers l'extérieur par-dessus la lèvre. Comme du verre lorsqu'il se brise, de longs éclats jaillissent. Mais le vent atténue les arêtes vives à mesure qu'elles tombent.

Le tonnerre proche d'une cascade vous frappe à la tête et votre esprit doit crier pour réfléchir. Voici l'eau, une substance des plus étonnantes et des plus importantes. Peut-être qu'une partie de cette même eau faisait autrefois partie de l'ancienne mer dans laquelle se trouvait le mudstone de cette corniche ; était autrefois bu par les dinosaures ; a parcouru le globe d'innombrables fois ; et a déjà coulé dans ce même ruisseau auparavant. Sous forme solide, liquide ou gazeuse, elle suit son propre cycle. Avec la lumière du soleil, l'eau rend possible et maintient toute vie sur Terre.

Musique d'Ouzel

Un glacier peut s'accrocher à une neige hivernale pendant cent ans et la transformer en glace, un outil bleu pour râper et arracher les rochers, avant de la lâcher. Les champs de neige persistants en été pourraient retarder son passage pendant un certain temps. Mais l'eau finit toujours par gagner, redevenant, en un instant décisif, liquide à nouveau et entamant son long voyage vers la mer. Les plantes et l'air sec intercepteront certaines de ses molécules, les renvoyant dans l'atmosphère pour fleurir sous forme de brouillard et de nuages ; mais sous forme de pluie, de neige ou de rosée, celles-ci sont bientôt renvoyées sur terre.

L'eau nous est si familière que nous y pensons rarement. Nous savons que les poissons nagent dans les lacs inférieurs et nous sommes vaguement conscients de l'assortiment ahurissant de formes de vie qui regorgent dans un étang. Mais la vie commence dans les ruisseaux.

Même des tasses d'eau de fonte froide, puisées dans un ruisseau à seulement quelques mètres de sa source de banc de neige, contiennent un peu de vie. Les algues des neiges, qui poussent à la surface des bancs de neige et sont souvent suffisamment denses pour donner à la neige une teinte rouge distinctive, sont libérées dans l'eau de fonte. En été, de petits invertébrés peuvent être découverts dans les mares stagnantes, même dans les cirques les plus hauts.

Mais les conditions ne sont pas bonnes pour le développement de chaînes alimentaires aquatiques complètes dans les cours d'eau et les lacs des altitudes plus élevées. Les lacs alpins, ou tarns, abritent peu de vie visible. Souvent flanqués de hautes crêtes et de pics, de nombreux tarns reçoivent peu de lumière directe du soleil pendant la journée. Étant donné que ces lacs occupent des bassins qui captent d'énormes quantités de neige, les bancs de neige persistent dans l'ombre des montagnes et l'été ne progresse guère dans le réchauffement de l'eau. Le lac Iceberg, par exemple, est rarement exempt de glace flottante et sa température ne dépasse jamais 4°C en été, même en surface.

En quittant les lacs du cirque, l'eau bouillonne à nouveau, se précipitant sur plusieurs centaines de mètres vers les vallées en contrebas, dans des rapides, des cascades et des chutes d'eau à couper le souffle. Il n'est pas surprenant que peu de plantes et d'animaux soient adaptés à la vie dans des eaux à mouvement rapide.

Des algues peuvent être trouvées sur les rochers du lit des cours d'eau et sur les troncs d'arbres échoués et polis à l'eau. Solidement attachées par des attaches, ces petites formes végétales survivent au débit rigoureux des cours d'eau qui détruirait les plus grandes plantes vasculaires. Il existe plusieurs espèces, depuis les formes microscopiques jusqu'aux algues filamenteuses ramifiées dont les longs brins ressemblant à des poils ondulent au gré du courant.

Un nombre surprenant d'insectes vivent au fond du ruisseau, trouvant une certaine protection contre le courant dans le fouillis de roches. Les coléoptères sous-marins vivent sous le gravier ou parmi les débris au bord du cours d'eau, ou s'accrochent aux pierres et aux bâtons. Les larves de phlébotomes, d'éphémères et de caddisflies se précipitent et rampent parmi les recoins rocheux. Ceux-ci et les petits poissons qui s'aventurent dans les lacs inférieurs sont la nourriture de l'ouzel d'eau, une créature qui aime les endroits où les eaux grondent.

■

Le bruit de l'eau est accablant. S'enfoncer dans cette rage bouillante signifierait une mort rapide. En regardant à 10 mètres à travers le canyon sombre, glissant et balayé par l'eau, je vois un jeune ouzel aquatique qui sort de son nid unique, à la recherche de ses parents. Des nuages d'embruns maintiennent le nid de mousse vivante continuellement humide ; mais cet oiseau est imperméabilisé d'un plumage huileux et veille à l'ouverture du nid. Regardant le torrent en contrebas, puis en amont et en aval, il attend patiemment la livraison du prochain repas.

A l'approche de l'un des adultes, trois autres têtes se pressent dans l'ouverture, mendiant la bouche jaune béante. Volant bas, le parent ouzel se dirige vers les fortes embruns et se pose sur un rocher glissant sous le rebord du nid. S'apprêtant à s'envoler vers le nid avec son chargement de larves d'insectes, l'ouzel m'aperçoit au-dessus de l'eau. À son alarme *jigic et jigic aiguë*, le bec du jeune se ferme instantanément. Nerveusement, l'oiseau observe ma présence rapprochée, plongeant tout son corps rapidement de haut en bas, comme s'il suivait le rythme du torrent déferlant.

Ne découvrant aucun danger, l'oiseau bleu-gris sombre s'agite plus lentement. L'autre adulte, revenant d'un fourrage en amont, se pose sur le même rocher, provoquant un nouveau cri de la part des oisillons. Chacun à leur tour, les oiseaux parents s'envolent pour nourrir leurs petits, battant des ailes pour maintenir leur position au nid sans perchoir . Sans s'arrêter pour me regarder davantage, ils se partagèrent à nouveau le ruisseau, l'un volant en amont et l'autre en aval, pour continuer la chasse. Clignant des yeux et secouant la brume accumulée sur son bec, la jeune sentinelle solitaire renouvelle sa garde.

Dans les eaux peu profondes

La vie abonde dans les lacs et étangs peu profonds. Le lac John's, calme et protégé, offre un bel exemple de la façon dont une communauté complexe de plantes et d'animaux aquatiques peut exister en équilibre dans un espace confiné. L'eau regorge d'algues microscopiques, de protozoaires et de rotifères qui soutiennent le zooplancton à peine visible. Dansant, voletant, sautillant et se balançant dans l'eau, ce zooplancton soutient à son tour les plus gros animaux mangeurs de plancton.

Libellules et demoiselles défilent en faisant crépiter leurs ailes et se perchent dans l'herbe des tourbières. En regardant dans les eaux peu profondes, vous verrez une multitude de petits animaux. Une grenouille tachetée nage et flotte à la surface à côté d'un nénuphar, de sorte que ses yeux dépassent de l'eau.

La forme en forme de ruban d'une sangsue nage à travers le fond vers des eaux plus profondes. En regardant de plus près, vous voyez que l'eau fourmille de formes bizarres : des bateliers aquatiques se propulsant avec des appendices en forme de rame, une nymphe d'éphémère planante, puis un coléoptère plongeur prédateur faisant surface, saisissant une bulle d'air sous ses ailes brunes brillantes et disparaissant à nouveau vers le bas. le bord de la bulle brille d'argent – dans les débris bruns du fond. Soudain, un scarabée tourbillonnant fait tourner la surface, plissant la vue en contrebas.

Partout dans l'eau, il y a de la vie animale, des formes attachées, nageant librement, rampant sur le fond et s'accrochant ou nageant sur le film de surface. L'incrustation grise et visqueuse d'une bûche coulée ressemble à une couverture de lichen mais est en réalité une éponge d'eau douce, un animal colonial qui se nourrit en filtrant le minuscule plancton de l'eau. Une autre créature attachée est l'hydre à peine visible ; ce prédateur en forme de brindille, apparenté aux méduses marines, capture les puces d'eau et autres petits animaux dans ses plusieurs tentacules venimeux.

Les coléoptères aquatiques, les nageurs arrière, les bateliers aquatiques et bien d'autres créatures se déplacent plus ou moins librement dans l'eau, se propulsant selon des mouvements saccadés. En suspension entre la surface et le fond se trouvent le zooplancton, les minuscules puces d'eau, les cyclopes, les daphnies et autres, qui se nourrissent en filtrant de minuscules algues. Au fond et en dessous vivent des vers charognards. Les marcheurs aquatiques patinent sur le film de surface.

Le long du rivage, des grenouilles, des salamandres, des couleuvres rayées et des musaraignes aquatiques chassent. Les canards barboteurs et plongeurs patrouillent, basculant ou submergeant les plantes du fond. Les traces des orignaux font le tour du rivage boueux. Parce qu'il produit une végétation abondante, John's Lake abrite une grande diversité de vie animale.

Étangs de castors

On estime que 10 pour cent de la superficie actuelle des prairies des Montagnes Rocheuses ont été créées par le castor, le seul animal, outre l'homme, à provoquer des changements importants dans l'environnement pour répondre à ses propres besoins.

Lorsque les castors bloquent un ruisseau, ils déclenchent une autre forme de succession. Si le remous qui en résulte inonde une zone forestière, les arbres sont rapidement tués, créant une large ouverture dans le couvert forestier. Les plantes et arbustes associés à l'eau envahissent rapidement l'étang et le rivage, créant un habitat favorable pour la sauvagine, l'orignal, les merles, les amphibiens, les échassiers, les parulines, les faucons des marais et une vingtaine d'autres animaux.

Après de nombreuses années, l'eau devient peu profonde et se remplit de limon et de débris végétaux. Lorsque les castors abandonnent le site, le barrage peut se rompre faute d' entretien et l'étang se videra rapidement. Ou bien il pourrait continuer à tenir, retardant de plusieurs années encore sa lente conversion en prairie. Stimulés par la boue riche en nutriments, les herbes aquatiques, les carex et les arbustes finissent par étouffer l'eau avec leurs débris accumulés, transformant la zone en tourbière.

Progressivement, le sol se raffermit à mesure que davantage d'humus est créé et que davantage de limon est piégé. La zone devient une prairie, abritant des graminées, des carex et d'autres plantes à fleurs. Les arbres commencent à réenvahir le sol plus sec et finalement la prairie redevient forêt. Il faudra peut-être des siècles pour parcourir ce cycle, de la forêt à l'étang, à la tourbière, à la prairie, puis à nouveau à la forêt. À chaque étape, de nombreux animaux changent : le chant du merle de l'Ouest et le bavardage d'un écureuil roux dans la forêt originale d'avant le castor cèdent la place au coassement d'un héron ; le héron est remplacé par le jaseur du cèdre, qui se nourrit d'insectes et de baies ; le jaseur est suivi du merle de l'Ouest arboricole et de l'écureuil roux.

Lacs froids et profonds

Semblant patiner sur son propre reflet, un bécasseau tacheté arrive à basse altitude au-dessus de l'eau calme, le bout de ses ailes touchant presque la surface du lac. Il se pose sur le rivage et replie ses ailes. Au milieu des rochers arrondis, ce petit oiseau de rivage, simple mais élégant, est presque englouti. Sans cesse chancelant sur ses longues pattes, il s'élance au bord de l'eau, picorant ici et là, se rapprochant de plus en plus, n'oubliant jamais de s'arrêter et de faire la révérence, comme pour saluer, en se précipitant hors de la scène, les applaudissements du public.

À mesure qu'il s'approche, plusieurs marcheurs aquatiques s'éloignent du rivage en patinant. Une mouche des pierres, se précipitant entre deux rochers, est adroitement harponnée. Un morceau si gros fait que l' oiseau s'arrête et rugit ses plumes, puis se précipite dans l'eau pour prendre un verre. De nouveau chancelant, il passe devant moi et continue vers le rivage, où je le perds bientôt de vue en contournant une pointe rocheuse.

Je suis assis au pied du lac McDonald, regardant l'obscurité s'accumuler sur la vallée, voyant la dernière lumière glisser vers le haut jusqu'aux pointes des montagnes lointaines. À mesure que la lumière du jour se dissout, cette longue flotte de sommets familiers semble presque glisser vers l'obscurité, lentement et silencieusement comme des voiliers.

La nappe d'eau immobile s'étend sur plusieurs kilomètres entre des moraines couvertes d'arbres. L'eau est profonde et froide. Aucune plante émergente ne borde la rive aride. Il semblerait qu'aucune vie, à l'exception de l'unique goéland qui se repose sur l'eau au loin, n'existe dans ce lac de près de mille mètres de hauteur.

∎

Compte tenu du grand volume des grands et profonds lacs des Glaciers, la vie qu'ils abritent est en effet maigre. Cela s'explique en grande partie par la nature de leurs côtes, où presque aucune plante ne pousse. Une combinaison de facteurs empêche le développement d'une végétation luxuriante sur le littoral.

Aux contours semblables à des baignoires, ces lacs aux parois abruptes présentent des rivages peu profonds étroits, voire inexistants, essentiels à la production de plantes enracinées. La forte action des vagues et les fortes fluctuations saisonnières du niveau de ces réservoirs naturels empêchent le développement de plantes aquatiques émergentes dans des endroits où elles pourraient autrement être attendues.

également privés de plantes ancrées au fond des lacs . En conséquence, la vie animale herbivore doit dépendre presque entièrement de la croissance des algues. L'action des vagues inhibe la propagation des algues flottantes en les entraînant en grande partie sur le rivage. Les lacs profonds sont également pauvres en oxygène disponible, ce qui empêche le développement de décomposeurs de fond, qui libéreraient rapidement des nutriments en décomposant les débris accumulés et entraînés dans le lac. Sans un apport constant de nutriments, la croissance des plantes est retardée.

Puisque la chaîne alimentaire dépend des plantes vertes, la capacité d'un lac à accueillir des animaux supérieurs tels que les poissons dépend d'abord de sa capacité à produire une croissance végétale adéquate. La production d'un kilo de truite nécessite qu'un lac produise environ 1 000 kilos de plantes pour nourrir 100 kilos d'invertébrés herbivores, qui sont mangés par 10 kilos d'insectes carnivores, dont se nourrissent les truites.

Comparés aux petits lacs peu profonds, qui regorgent de vie visible, les lacs froids, profonds et pauvres en nutriments, comme celui de McDonald, semblent être des déserts aqueux. Pourtant, en raison de leur grand volume (le lac McDonald contient 5 ou 6 kilomètres cubes d'eau), ces grands lacs abritent un nombre important de poissons. Parmi les 22 espèces de poissons que l'on trouve dans le parc, la plupart sont des espèces d'eau froide . La truite, le corégone, l'ombre, les meuniers, les ménés et la carpe remplissent les rôles d'herbivore, de carnivore et de charognard. Agiles, très mobiles et extrêmement sensibles, les poissons représentent l'adaptation totale la plus réussie au milieu aquatique.

Grâce à l'ensemencement d'espèces non indigènes, y compris les plantations dans des lacs autrefois exempts de poissons, les communautés aquatiques naturelles de nombreux lacs et ruisseaux du Glacier ont été modifiées de façon permanente.

Les chaînes alimentaires aquatiques ne se limitent pas à l'eau. Les balbuzards pêcheurs, les canards, les harles, les loutres, les visons et de nombreux autres oiseaux et mammifères semi-aquatiques ou terrestres utilisent les plantes et les animaux de l'eau. À l'automne, un spectacle remarquable se produit le long de l'exutoire du lac McDonald. Attirés par les concentrations de saumons kokanis, qui partent du lac Flathead pour frayer et mourir dans ces eaux claires et peu profondes, les pygargues à tête blanche se rassemblent pour exploiter les poissons vulnérables. En 1977, 444 aigles ont été dénombrés lors d'un seul recensement. Cette ressource alimentaire est également exploitée par les grizzlis, les coyotes, les mouffettes, les goélands, les plongeons et d'autres animaux. À l'occasion, même des cerfs de Virginie ont été observés en train d'avaler du saumon !

Étoiles filantes

Ce parc est très spécial. Les gens qui la connaissent bien se sentent propriétaires de ses montagnes, de ses lacs dispersés et de ses glaciers. C'est peut-être la disposition du territoire, une concentration inégalée de nature sauvage américaine. À maintes reprises, j'ai pensé, en observant certains aspects de ce pays, *oui, c'est tout à fait vrai* – presque, semble-t-il, comme s'il existait une magie capable de traduire la pensée et l'émotion en roche et en écorce.

Le glacier reste largement inexploité, conservant toujours l'aspect de la Terre que les Indiens ont connue pendant 500 générations – une terre où il est encore possible de ressentir un sentiment de découverte, le sentiment qu'un seul homme compte. Sur trop de montagnes, l'homme a terni tout ce qu'il a touché ; mais ici, la terre a laissé tomber, comme un sapin chasse la neige, une longue succession de commerçants, de trappeurs, d'explorateurs, de chasseurs, d'arpenteurs, de prospecteurs, de bûcherons, de colons et de touristes.

Vous pouvez parcourir le même sentier une douzaine de fois sans vous lasser de la vue. J'ai renoncé à me demander pourquoi. Je sais seulement que ce sont des montagnes avec lesquelles l'homme peut vieillir, et que la fièvre des montagnes ne diminue jamais mais change seulement d'aspect, comme le fait une forêt au fil des années.

À plusieurs reprises, j'ai remarqué que ce parc crée un lien instantané entre étrangers. Une certaine pause s'impose à la première mention du parc national des Glaciers, et un regard lointain apparaît, alors que Red Eagle redevient réel, ou que le vent de Firebrand est rappelé, ou que les fleurs de Fifty-Mountain convergent une fois de plus vers les sens.

Jamais nous ne sommes éteints. Si un autour des palombes se précipite, s'élevant avec sa charge d'écureuil terrestre qui se tortille, notre sang en exige toujours plus. La vue d'un carcajou courant ne suffit pas. Ni le magnifique rassemblement de pygargues à tête blanche se régalant de saumons de novembre. Encore des jours de cela : des chèvres de montagne sautant des rebords impossibles, des traces de vagues d'un castor s'étendant sur l'eau de l'aube. Il y a des messages ici, forts comme des martins-pêcheurs. La terre a des langues, des histoires à raconter.

Mais dans le désert, il n'y a de morale que de continuer. Malgré tous nos sondages et nos tracés , nous ne découvrons aucune interprétation adéquate des forces qui tourbillonnent autour de nous. Un mélèze qu'il faut toucher pour connaître ; votre cou doit ressentir la douleur de trop lever les yeux. Observez sa pirouette en pointe d'arbre . Puis, en regardant en arrière au niveau mondial, vous constaterez que vous avez perdu toutes les réponses. Nous avons appris l'art de construire des ponts, de cataloguer les plantes, de prédire ce qu'une musaraigne pourrait faire. Du mystère essentiel, nous ne savons rien.

Car la nature n'attribue aucun « rôle » à ses créatures ; il n'y a aucune « raison » pour un incendie de forêt, qui brûle puissamment mais sans intention. Le seul « but » de la vie est de nourrir la vie, et la beauté que nous y voyons n'est que son manque de garantie : pour le tamia et la belette, et pour l'homme qui mesure sa vie à la leur, aucune assurance de longues journées et de saisons tempérées, graines abondantes, viande abondante. Dans le désert, il y a encore du mystère, non simplifié , non réduit, resplendissant et immense.

Quelle que soit la conclusion de cette planète, quels que soient les actes qui suivront dans ce drame dévorant — des montagnes qui montent, des montagnes qui descendent, des forêts, des lacs et des mers qui défilent comme des nuages de Scud poussés par le vent avant une tempête — du moins dans le peu d'ombre. de l'époque actuelle, il y a une sorte de réalisation. Pour l'instant, avec cette créature, l'homme, on peut aimer des choses comme les montagnes. Et les hommes ont des souvenirs à remplir.

Demain, je chercherai des étoiles filantes, des fleurs printanières violettes qui dirigent leur feu vers le bas, toujours vers le centre de la Terre, comme pour rendre dans leur bref passage sous le soleil un hommage à ce mystère le plus excellent.

Aujourd'hui, je ne peux rien dire de plus, j'ai mal au cou à force de regarder les cimes des mélèzes se balançant au gré du vent de cette splendide matinée.

Étoile filante.

Mammifères du parc national des Glaciers

Les informations sur la répartition ont été obtenues de *Meet the Mammals of Waterton-Glacier International Peace Park* , par Robert C. Gildart (voir la liste de lecture). La nomenclature suit, pour l'essentiel, *un Field Guide to Mammals* , de William H. Burt et Richard P. Grossenheider .

Légende des symboles :

E — se trouve à l'est de la ligne de partage des eaux continentales (forêt d'épicéas et de sapins, trembles, prairies à graminées touffues)

W — se trouve à l'ouest de la ligne de partage des eaux continentales (forêt de thuya géant, de pruche, de tordu, de sapin et de mélèze ; quelques prairies)

A – se produit dans les zones alpines (au-dessus de la lisière supérieure d'une forêt continue)

R—rare dans le parc national des Glaciers

Musaraignes

Musaraigne masquée, *Sorex cinereus*

E, W, forêts de conifères, prairies, bords d'étangs et de ruisseaux

Musaraigne vagabonde, *Sorex vagrans*

E, W, A, forêts et prairies humides, bords de marais et de cours d'eau

Musaraigne de Bendire, *Sorex palustris*

E, W, bords de cours d'eau

Chauves-souris

Petite chauve-souris brune, *Myotis lucifugus*

E, W, forêts de conifères, souvent autour des bâtiments, des grottes ; nocturne

Myotis à longues oreilles, *Myotis evotis*

E, W, A, R, forêts de conifères, prairies ; nocturne

Myotis à longues pattes, *Myotis volans*

E, W, A, forêts de conifères, prairies ; nocturne

Grande chauve-souris brune, *Eptesicus fuscus*

E, W, forêts de conifères ; souvent autour des bâtiments, des grottes ; nocturne

Chauve-souris aux cheveux argentés, *Lasionycteris noctivagans*

E, W, forêts de conifères ; prairies; nocturne

Chauve-souris cendrée, *Lasiurus cinereus*

E, W, forêts de conifères ; principalement nocturne

Puma

Chats

roux, *Lynx rufus*

E, forêts ouvertes, zones de broussailles

Lynx, *Lynx du Canada*

E, W, forêts de conifères

Couguar, *Felis concolor*

E, W, forêts de conifères

Raton laveur, ours

Raton laveur, *Procyon lotor*

E, W, R, forêts ouvertes, fonds de cours d'eau

Ours noir, *Ursus americanus*

E, W, A, forêts, zones de toboggans, prairies alpines

Grizzly, *Ursus arctos*

E, W, A, forêts, zones de toboggans, prairies alpines

Coyote

Canidés

Renard roux, *Vulpes vulpes*

E, prairies, forêt ouverte

Coyote, *Canis latrans*

E, W, A, forêts, prairies

Loup gris, *Canis lupus*

E, W, R, forêts de conifères

Carcajou

Belette à longue queue

Mustélidés

Mouffette rayée, *Mephitis mephitis*

E, W, forêts ouvertes, prairies

Blaireau, *Taxidea taxus*

E, W, prairies

Loutre de rivière, *Lutra canadensis*

E, W, R, rivières, lacs

Carcajou, *Gulo gulo*

E, W, A, forêts de conifères, prairies alpines

Petite belette, *Mustela rixosa*

E, R, forêts ouvertes, prairies

Belette à queue courte, *Mustela erminea*

E, W, A, forêts de conifères, prairies

Belette à longue queue, *Mustela frenata*

E, W, A, forêts claires, prairies

Vison, *Mustela vison*

Bords E, W, ruisseau et lac

Martre, *Martes americana*

E, W, A, forêts de conifères

Fisher, *fanions Martes*

E, W, R, forêts de conifères

Lagomorphes

Pika, *Ochotona princeps*

E, W, A, éboulements

Lièvre d'Amérique, *Lepus americanus*

E, W, forêts de conifères

Lièvre à queue blanche, *Lepus townsendii*

E, W, R, prairies

Écureuils

Marmotte des Rocheuses, *Marmota caligata*

E, W, A, zones rocheuses, prairies alpines

Spermophile de Richardson, *Spermophilus richardsonii*

E, R, prairies

Spermophile colombien, *Citellus colombien*

E, W, A, forêts ouvertes, prairies, prairies alpines

Écureuil terrestre à treize lignes, *Spermophilus tridécemlinéatus*

E, R, prairies

Écureuil à mante dorée, *Spermophilus lateralis*

E, W, A, forêts hautes et ouvertes ; zones rocheuses

Petit tamia, *Eutamias minime*

E, W, A, forêts hautes et ouvertes ; zones broussailleuses et rocheuses; prairies alpines

Tamia du pin jaune, *Eutamias amoène*

E, W, forêts ouvertes ; zones broussailleuses et rocheuses

Tamia à queue rouge, *Eutamias ruficaudus*

E, W, forêts ouvertes ; zones broussailleuses et rocheuses

Écureuil roux, *Tamiasciurus hudsonicus*

E, W, forêts de conifères

Écureuil volant du Nord, *Glaucomys sabrinus*

E, W, forêts de conifères ; nocturne

Gophers de poche

Gopher de poche du Nord, *Thomomys talpoides*

E, W, A, prairies

Castor

Castor

Castor, *Castor canadensis*

E, W, ruisseaux, lacs

Campagnols et parents

Souris sylvestre, *Peromyscus maniculatus*

E, W, A, forêts, prairies, prairies alpines

Rat des bois à queue touffue, *Neotoma cinerea*

E, W, A, zones rocheuses, bâtiments anciens

Lemming des tourbières du Nord, *Synaptomys borealis*

W, R, forêts de conifères

Phenacomys de montagne , *Phenacomys intermedius*

E, W, A, forêts de conifères, prairies alpines

Campagnol rouge boréal , *Clethrionomys gappéri*

E, W, forêts de conifères

Campagnol des prés, *Microtus pennsylvanicus*

E, W, forêts ouvertes, prairies ; le long des ruisseaux; zones marécageuses

Campagnol à longue queue, *Microtus longicaudus*

E, W, forêts de conifères, prairies

Campagnol d'eau, *Arvicola richardsoni*

E, W, A, bords de ruisseaux et de lacs de haute altitude

Rat musqué, *Ondatra zibethica*

W, ruisseaux, lacs, zones marécageuses

Souris sauteuse occidentale, *Zapus princeps*

E, W, A, prairies, prairies alpines

Cerf

Wapiti (élan d'Amérique), *Cervus canadensis*

E, W, A, forêts claires, prairies

Cerf mulet, *Odocoileus hemionus*

E, W, A, forêts ouvertes, prairies, souvent à haute altitude

Cerf de Virginie, *Odocoileus virginianus*

E, W, forêts de conifères, prairies, fonds de ruisseaux et de rivières

Orignal, *Alces alces*

E, W, forêts de conifères, lacs, ruisseaux lents, zones marécageuses

chèvre de montagne

Bovidés

Chèvre de montagne, *Oreamnos americanus*

E, W, A, hauts sommets et prairies

Mouflon d'Amérique, *Ovis canadensis*

E, A, zones montagneuses ouvertes

Reptiles et amphibiens du parc national des Glaciers

Remarque : Cette liste de contrôle est basée sur des spécimens réels du parc et d'autres collections, selon le Dr Royal Brunson, de la Montana State University.

Reptiles

Couleuvre rayée du Grand Bassin, *Thamnophis elegans vagrans*

Une grande couleuvre rayée des régions montagneuses, généralement avec de grandes taches.

Couleuvre rayée à flancs rouges des Grandes Plaines, *Thamnophis ordinoides parietalis*

Rayures dorsales variant du jaune au bleu ou au noir. On le trouve généralement près de l'eau.

Liste hypothétique :

Boa en caoutchouc, *Charina bottes utahensis*

Peut se produire dans des éboulements rocheux ou, éventuellement, dans des zones forestières, de chaque côté de la Ligne de partage des eaux.

Serpent Gopher, *Pituophis caténifer dis je*

Peut être présent le long de la limite est (Grandes Plaines).

Coureur bleu à ventre jaune, *Coluber constrictor mormon*

Peut être présent à la limite est du parc, le long de la frontière des grandes plaines.

Tortue peinte, *Chrysemys picta*

Peut se produire dans les étangs et les eaux calmes de la zone supérieure de Sonora à la zone canadienne.

Scinque occidental, *Eumeces skiltonien*

Peut être présent dans la zone de transition le long de la limite ouest du parc.

Lézard alligator du Nord

Lézard alligator du Nord, *Gerrhonotus coeruleus principis*

Peut être présent dans la zone de transition le long de la limite ouest du parc.

Amphibiens

Salamandre tigrée, *Ambystoma tigrinum mélanostrictum*

Couleur de fond noire ou noir bleuâtre, avec de grandes taches ou taches jaunes.

Salamandre à longs doigts, *Ambystoma macrodactylum*

Couleur de fond noir ou marron foncé ; une large bande jaune s'étend de l'arrière de la tête jusqu'au bout de la queue.

Crapaud du nord-ouest, *Bufo boreas boreas*

Largement distribué sur tout le parc. (Également connu sous le nom de crapaud colombien, du Nord ou occidental.)

Grenouille maculée de l'Ouest

Grenouille maculée de l'ouest, *Rana pretiosa jolie*

Largement distribué sur tout le parc. (Également connue sous le nom de grenouille occidentale ou grenouille du Pacifique.)

Grenouille verte, *Rana clamitans*

Un spécimen, du lac Bowman. (Musée d'histoire naturelle de Chicago)

Grenouille à queue, *Ascaphus vrai*

Cela devrait être assez courant, même s'il n'est pas souvent pris.

Crapaud arboricole du Pacifique, *Hyla regilla*

La petite taille et les disques sur les doigts et les orteils identifient cette espèce. Commun dans tout le parc.

Poissons du parc national des Glaciers

La classification et les noms scientifiques communs proviennent de : « A List of Common and Scientific Names of Fishes from the United States and Canada », publication n° 2 de l'American Fisheries Society, 1960.

Légende des symboles :

N Espèce originaire d'au moins un bassin hydrographique majeur du parc .

I Espèce non indigène introduite dans les eaux du parc par l'homme.

Espèce SA aux qualités sportives et appréciée pour la pêche récréative.

1 Drainage-Waterton

2 Drainage de la rivière Belly

3 Drainage à courant rapide

4 Drainage Sainte-Marie

5Drainage à deux médicaments

6 Drainage de la rivière Middle Fork Flathead (à l'exclusion de McDonald Valley)

7 Drainage de la vallée McDonald

8 Drainage de la rivière North Fork Flathead

Truite de lac

Famille *des Salmonidés* (truites , corégones et ombres)

Grand corégone, *Coregonus clupeaformis* (I) (1, 2, 3, 4, 7)

Corégone pygmée, *Prosopium coutres* (N) (7)

Corégone des montagnes, *Prosopium williamsoni* (N) (S) (1, 2, 3, 4, 5, 6, 7, 8)

Saumon kokani (rouge), *Oncorhyncus nerka* (I) (S) (3, 7, 8)

Truite fardée, *Salmo clarki* (N) (S) (1, 2, 3, 4, 5, 6, 7, 8)

Truite arc-en-ciel, *Salmo gairdneri* (I) (S) (1, 2, 3, 4, 5, 7)

Omble de fontaine, *Salvelinus fontinalis* (I) (S) (1, 2, 3, 4, 5, 6, 7)

Dolly Varden , *Salvelinus malma* (N) (S) (1, 2, 3, 4, 6, 7, 8)

Touladi, *Salvelinus namaycush* (N) (S) (1, 2, 4, 5, 7, 8)

Ombre arctique, *Thymallus arcticus* (I) (S) (2, 8)

Famille *des Esocidae* (brochets)

Grand brochet, *Esox lucius* (N) (S) (1, 2, 3)

Méné rouge

Famille *des Cyprinidés* (vairons et carpes)

Naseux à long museau, *Rhinichthys cataractes* (N) (2, 3, 4, 5, 6, 7, 8)

Naseux perlé du Nord, *Margariscus margarita* (N) (3, 5)

Méné long , *Richardsonius balteatus* (N) (7, 8)

Rationaliser Chub, *Hybopsis dissimilis* (N) (1, 3)

Squawfish nordique, *Ptychocheilus oregonensis* (N) (7, 8)

Meunier blanc

Famille *des Catostomidae* (drageons)

Meunier blanc, *Catostomus commersoni* (N) (1, 2, 3, 4, 5)

Meunier à grande échelle, *Catostomus macrocheilus* (N) (6, 7, 8)

Meunier à long museau, *Catostomus catostomus* (N) (1, 2, 3, 4, 5, 6, 7, 8)

Famille *des Gadidaie* (morues et merlus)

Lotte, *Lota lota* (N) (S) (1, 4)

Famille *des Cottidés* (chabots)

Chabot tacheté, *Cottus bairdi* (N) (5, 6, 7, 8)

Chabot à tête cuillère, *Cottus rizi* (N) (1, 2, 3, 4)

Parc national des oiseaux du Glacier

Légende des symboles :

E - se produit du côté est du parc (à l'est de la division)

W : se trouve du côté ouest du parc (à l'ouest de la division)

A – se produit dans les zones alpines

ab—abondant

c—commun

tu... rare

r-rare

J'ai présenté

a—accidentel

Plongeon huard

Les huards

Plongeon huard E, W, ab

Plongeon arctique ?

Plongeon à gorge rousse ?

Grèbe élégant

Grèbes

Grèbe jougris E, W, c

Grèbe esclavon E, W, ab

Grèbe marécageux E, W, c

Grèbe élégant E, W, u

Grèbe à bec bigarré E, W, r

Pélicans, Cormorans

Pélican blanc E, W, u

Cormoran à aigrettes E, r

Grand héron bleu

Butor d'Amérique

Hérons, Butors

Grand Héron E, W, c

Bihoreau gris a

Butor d'Amérique, W, r

Colvert

Canard branchu

Érismature rousse

Cygne, oies, canards

Cygne siffleur E, W, ab

Cygne trompette E, W, r

Bernache du Canada E, W, c

Oie des neiges E, W, c

Oie de Ross E, W, r

Canard colvert E, W, ab

Canard chipeau E, W, r

Canard pilet E, W, c

Sarcelle à ailes vertes E, W, c

Sarcelle à ailes bleues E, W, u

Cannelle Sarcelle E, W, u

Canard d'Europe E, W, c

Canard d'Amérique E, W, ab

Canard souchet E, W, c

Canard branchu E, W, r

Rousse E, W, c

Canard à collier E, W, u

Canvasback E, W, u

Petit Fuligule E, W, c

Grand Fuligule ?

Garrot à œil d'or E, W, c

Garrot d'Islande E, O, ab

Petit garrot E, W, u

Arlequin Canard E, W, c

Macreuse à ailes blanches E, W, r

Érismature rousse E, W, c

Harle couronné E, W, u

Harle harle E, W, ab

Harle huppé, E, W, u

Faucon de Cooper

Faucon des marais

Vautours, faucons, aigles

Vautour à tête rouge E, W, r

Autour des palombes E, W, c

Faucon aux tibias pointus E, W, u

Cooper's Hawk E, W, u

Buse à queue rousse E, W, c

Buse à épaulettes un

de Swainson E, W, c

Buse pattue E, W, r

Buse rouilleuse E, W, u

Aigle royal, E, W, A, c

Pygargue à tête blanche, E, W, ab

Marsh Hawk E, W, ab

Balbuzard pêcheur E, W, ab

Faucon des Prairies E, W, A, r

Faucon pèlerin E, W, r

Crécerelle d'Amérique E, W, c

Tétras à queue fine

Tétras, Lagopèdes

Tétras-lyre, E, W, ab

Tétras du Canada E, W, ab

Gélinotte huppée E, W, ab

Tétras à queue fine E, r

Lagopède à queue blanche A, c
des saules ?

Faisan de Colchide E, W, r, i

Perdrix grise E, W, r, i

Grues

Grue du Canada E, r

Foulque d'Amérique

Râles, foulques

Sora E, W, r

Foulque d'Amérique E, W, ab

Grand Chevalier

Oiseaux de rivage

Killdeer E, W, c

Pluvier à ventre noir E, r

Bécassine commune E, W, c

Courlis à long bec E, r

Bécasseau des hautes terres E, r

Chevalier grivelé E, W, A, ab

Bécasseau solitaire E, r

Willet, E.

Bécasseau pectoral E, r

Bécasseau de Baird E, W, r

Petit Chevalier, E, W r

Grand Chevalier E, W, r

Avocette d'Amérique E, W, u

Phalarope boréal E, W, r

Phalarope de Wilson E, W, u

noire ?

Dowitcher à long bec E, W, r

Goéland

Goélands, Sternes

Goéland argenté E, W, r

Goéland de Californie E, W, ab

Goéland à bec cerclé E, W, c

Mouette de Franklin E, W, c

La Mouette de Bonaparte E, u

Sterne de Forster E, W, u

Sterne pierregarin E, r

Sterne caspienne a

Guifette noire E, W, u

Colombe triste

Colombes, Pigeons

Pigeon à queue barrée E, W, r

Tourterelle triste E, W, c

Colombe rocheuse E, W, r, i

Hibou grand duc

Hiboux

Petit-duc hurlant E, W, r

Grand-duc d'Amérique E, W, ab

Harfang des neiges E, W, u

Chouette épervière E, W, u

Chouette naine E, W, ab

Chouette rayée E, W, c

Chouette lapone E, W, u

Hibou des marais E, W, r

Hibou des marais, E, W, c

Chouette boréale E, W, r

Petite Nyctale E, W, u

Engoulevent d'Amérique

Engoulevents, martinets

Engoulevent d'Amérique E, W, ab

Martinet noir E, W, u

Martinet de Vaux E, W, ab

Martinet à gorge blanche W, A, r

Colibris

Colibri à queue large E, W, r

Colibri roux E, W, A, ab

Colibri Calliope E, W, A, ab

Colibri à menton noir E, W, r

Martin-pêcheur d'Amérique

Martins-pêcheurs

Martin-pêcheur d'Amérique E, W, ab

Pics

Scintillement commun E, W, ab

Grand Pic E, W, ab

Pic à tête rouge E, W, r

Pic de Lewis E, W, c

Pic à ventre jaune E, W, ab

Pic de Williamson E, W, u

Pic poilu E, W, ab

Pic mineur E, W, ab

Pic à dos noir E, W, ab

Pic à trois doigts E, W, ab

Moucherolle à gorge cendrée

Moucherolles

Tyran de l'Est E, W, ab

Tyran de l'Ouest E, W, u

Moucherolle à gorge cendrée un

Say's Phoebe E, W, r

Moucherolle des saules E, W, c

Moucherolle de Hammond E, W, ab

Moucherolle à côtés olive E, W, ab

Moucherolle occidental E, r

Peewee des Bois de l'Ouest E, W, c

Alouettes

Alouette hausse-col E, W, A, ab

Hirondelle rustique

Hirondelles

Hirondelle violet-vert E, W, A, ab

Hirondelle bicolore E, W, ab

Hirondelle de rivage E, W, ab

Hirondelle à ailes hérissées E, W, u

Hirondelle rustique E, W, u

Hirondelle à front blanc E, W, A, ab

Corbeau commun

Geais, pies, corbeaux

Geai gris E, W, ab

Geai bleu E, W, r

Jay E, W, ab de Steller

Pie à bec noir E, W, ab

Grand Corbeau E, W, A, ab

Corbeau commun E, W, ab

Casse-Noisette de Clark E, W, A, ab

Mésanges

Mésange à tête noire E, W, ab

Mésange des montagnes E, O, ab

Mésange boréale E, W, r

Mésange à dos marron E, W, u

Sittelles, plantes grimpantes

Sittelle à poitrine blanche E, W, u

Sittelle à poitrine rousse E, W, ab

Plante grimpante brune E, W, ab

Troglodyte d'hiver

Cincles, troglodytes

Balancier E, W, A, ab

Maison Wren E, W, u

Troglodyte hivernal E, W, ab

Troglodyte à long bec a

Rock Wren E, W, toi

Oiseaux-chats, moqueurs

Oiseau-chat gris E, W, u

Merlebleu des montagnes

Grives, merles bleus, solitaires

Merle d'Amérique E, W, A, ab

Grive variée E, W, ab

Grive solitaire E, W, ab

à Swainson E, W, ab

Veery E, W, c

Merlebleu de l'Ouest E, W, dr

Merlebleu azuré E, O, A, ab

Solitaire de Townsend E, W, A, ab

Roitelets

Roitelet à couronne dorée E, W, ab

Roitelet à couronne rubis E, W, ab

Pipits

Pipit à eau E, W, A, ab

Jaseur de cèdre

Jaseurs

Jaseur de Bohême E, W, ab

Jaseur de cèdre E, W, ab

Pie-grièche

Pie-grièche migratrice E, W, r

Pie-grièche nordique E, W, r

Étourneau

Étourneaux

Starling E, W, c, je

Viréo aux yeux rouges

Viréos

Viréo solitaire E, W, ab

Viréo aux yeux rouges E, W, ab

Viréo gazouillant E, W, ab

Parulines

Paruline noire et blanche W, r

Paruline Tennessee E, W, r

Paruline à couronne orange E, W, r

Paruline de Nashville E, W, r

Paruline jaune E, O, ab

à croupion jaune E, W, ab

Paruline de Townsend E, W, ab

Paruline Watergrush E, W, ab

Paruline de MacGillivray E, W, ab

Paruline masquée E, W, ab

Paruline de Wilson E, W, ab

Rougequeue américain E, W, ab

à poitrine jaune ?

Moineau de maison

Pinsons tisserands

Moineau domestique E, W, r, i

Merles, Orioles

Goglu des prés E, r

Sturnelle occidentale E, W, u

Carouge à épaulettes E, W, ab

Loriot du Nord E, W, dr

Quiscale de Brewer E, W, u

Quiscale rouilleux E, W, r

Carouge à tête jaune E, r

Quiscale bronzé E, r

Vacher à tête brune E, W, c

Gros-bec errant

Tangaras, gros-becs

Tangara occidental E, W, ab

Gros-bec errant E, W, ab

Gros-bec des pins E, W, ab

Cardinal à tête noire E, W, r

Chardonneret jaune

Pinsons, moineaux, bruants

Bruant Lazuli E, W, c

Bruant d'alouette E, W, r

Bruant des neiges E, W, c

Roselin de Cassin E, W, A, ab

Pinson rose à couronne grise E, W, A, ab

Chardonneret jaune E, W, u

Tailleur flammé E, W, c

Tarin des pins E, W, A, ab

Bec-croisé des sapins E, O, ab

Bec-croisé à ailes blanches E, W, u

Tohi à flancs roux E, W, u

Tohi à queue verte E, W, r

Bruant des prés E, W, c

de LeConte E, W, u

Bruant vespéral E, W, ab

Moineau friquet E, W, r

Bruant broyeur E, W, A, ab

Bruant de Brewer E, W, r

Bruant de Harris E, W, r

Bruant à couronne blanche E, W, A, ab

Fox Sparrow E, W, A, ab

Bruant de Lincoln E, W, A, c

Moineau chanteur E, W, ab

Junco aux yeux noirs E, W, c

Bruant de McCown E, c

Bruant lapon E, W, c

Bruant à ventre marron E, c

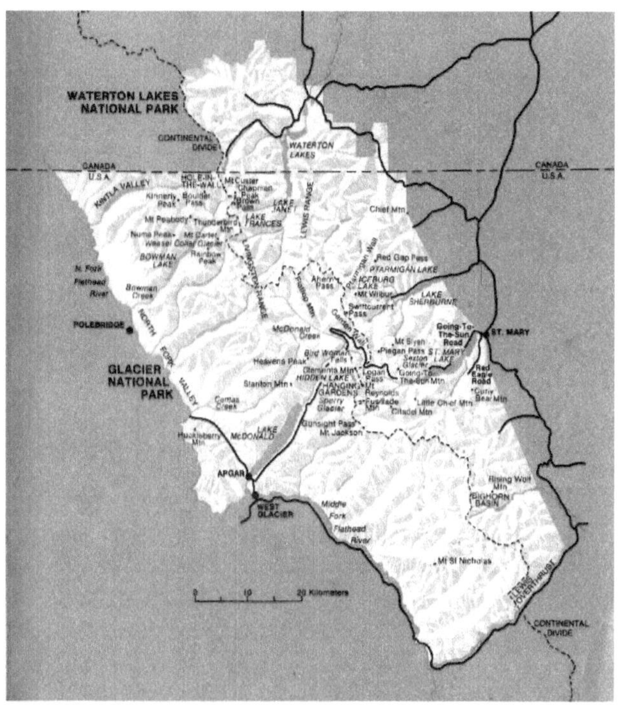

PARC NATIONAL DES LACS-WATERTON—PARC NATIONAL DES GLACIERS

Utiliser des métriques

Au moment où nous mettons sous presse ce livre, les États-Unis en sont aux premières étapes de leur conversion au système de mesure métrique, et bien que nous vous incitions à penser métrique (c'est le cas de la plupart des pays du monde), nous vous proposons ce tableau pour vous aider à comprendre. les mesures indiquées dans le livre.

Pour convertir de	à	multiplier par
Millimètres	Seizième pouces	0,6301
Centimètres	Pouces	0,3937
Mètres	Pieds	3.2808
Kilomètres	Milles	0,6214
Hectares	Acres	2.4711
Hectares	Miles carrés	0,00386

Grammes	Onces Troy	0,0322
Kilogrammes	Livres sterling	2.2046
Degré Celsius	Degrés Fahrenheit	1.8, et ajoutez 32

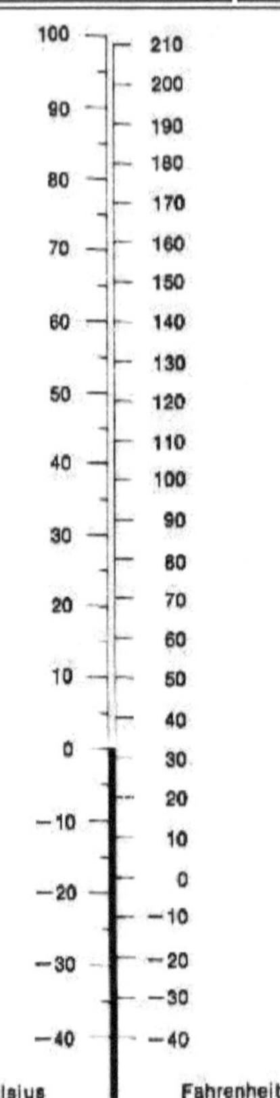

Tableau de conversion de température

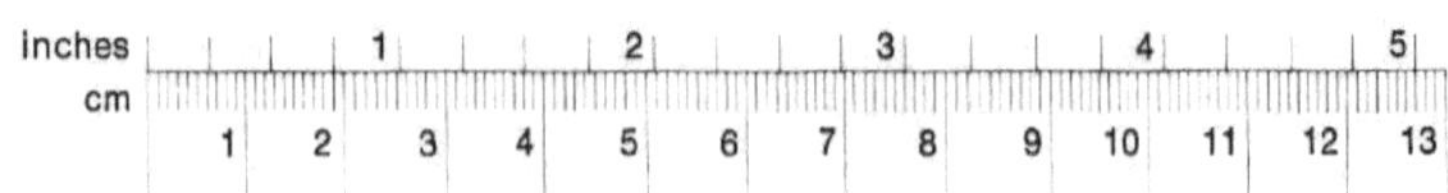

Tableau de conversion de longueur

Dessins de David S. Shea, *Traces d'animaux du parc national des Glaciers*

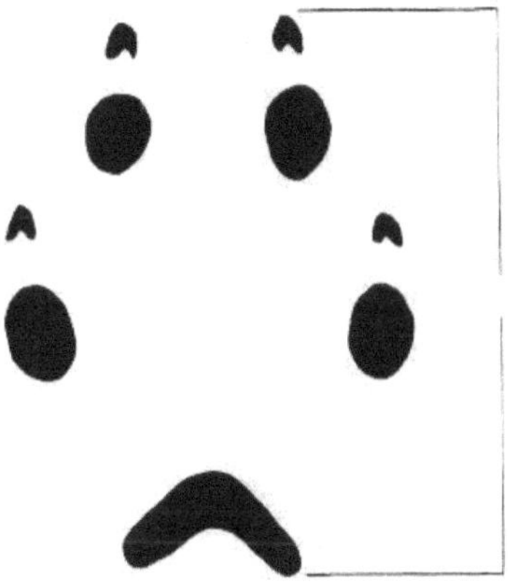

renard roux,
patte arrière, dans la boue 53 mm.

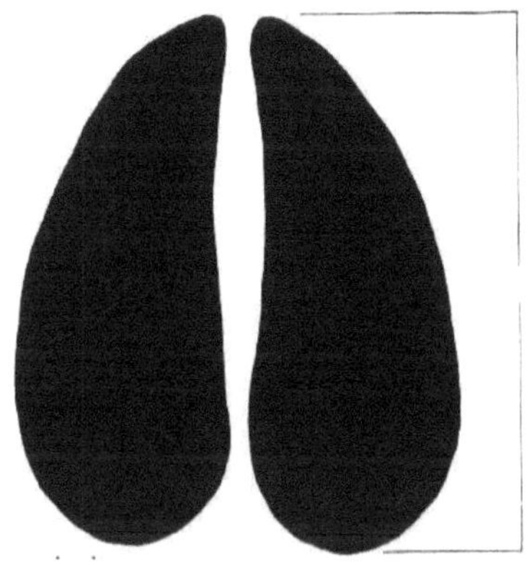

cerf mulet,
mâle adulte, dans la neige 72 mm.

blaireau,
pied avant gauche, dans la boue 43 mm.

coyote,
patte arrière, dans la neige 63 mm.

A propos de l'auteur

L'intérêt de Greg Beaumont pour le parc national des Glaciers remonte à 1963, alors qu'il était employé d'été au Lake McDonald Lodge. En 1966, lui et sa femme étaient des vigies de contrôle des incendies sur Numa Ridge, dans la vallée de Bowman. Aujourd'hui écrivain-photographe indépendant, il vit avec sa famille à Lincoln, Nebraska.